僕と
アンモナイトの
1億年冒険記

相場大佑

イースト・プレス

はじめに

僕は、アンモナイトという大昔に絶滅した軟体動物の化石を研究している。アンモナイトは理科の教科書にも登場するほど、古生物学の中では有名であるため、なんとなくその形を知っている・その名前を聞いたことがある方は多いだろう。しかし、その認知度とは裏腹に、多くの謎に包まれた不思議な古生物である。

そのアンモナイトについて、何が知りたくて研究をしているのか？——全部だ。アンモナイトに関することならなんでも知りたい。ただ、中でも、その不思議な形をした殻がどのように進化してきたのかということと、アンモナイトはどのような一生を送ったのか、つまりどこで生まれ、どのように成長し、死んでいったのかということ、そして化石に残らない本体はどんなすがたをしていたのかについて興味がある。

博物館の岩石加工室に籠もり、今からおよそ1億年前の海底でできた岩石の中から化石を取り出す作業、クリーニングをしている時が一番幸せだ。殻の表面にある小さな突起を飛ばさないように慎重に。じっくり化石と向き合っていると、つい時間が過ぎるのを忘れてしまい、「おーい、晩ご飯はどうするんだー?」という妻からの連絡で現実に戻される。またある時は、山の中でヒグマ対策の鈴を鳴らしながら地層とにらめっこしたり、ひっくり返りそうになるくらいの岩石がつまったリュックサックを背負って何キロも山道を歩いたり。ワークアウトやランニングなら三日坊主どころか一日坊主でやめてしまうほどの根性なしだが、アンモナイト化石の調査はどんなに肉体的にしんどいと思う瞬間があってもなぜか続けることができる。

アンモナイトの謎と魅力にとらわれ、彼らの化石と地層を目の前に、深く頷いたり首を傾げたりを繰り返している。完全に理解することができないもどかしさと、あと一歩で何かがつかめそうだという手応え、そしてかすかに感じるまだ見ぬ世界への期待感が交差している。その狭間がなんとも心地よい。

僕は、幼稚園児の頃、恐竜や古生物がたしかに好きだったが、それは成長する中でいつしか忘れ去られてしまった。小学校時代は、他の子と同じようにポケモンが好きだったし、高校から大学時代には学業そっちのけでヘヴィメタルにハマり、いかに速く、重く、尖った音をギターアンプから鳴らすかに心血を注いでいた。好きなものはいろいろあったが、成人するまで「将来の夢」と言えるものはなく、つまりこどもの頃から古生物学者を夢見て、一直線に目指していたというわけではなかった。

そんな僕が、どのようにして古生物学の研究者になり、アンモナイトに関するいくつかの発見をし、日本各地を巡回する展覧会「ポケモン化石博物館」を発案するに至ったのか。本書では、大学時代から話を始めて、現在までに歩んできた道のりについて、できるだけありのままに記していこうと思う。

アンモナイトをめぐる冒険譚に、どうか最後までお付き合いいただければ幸いです。

目次

第2章 不思議の芽の発見
北海道でのフィールドワークと密集産状の謎

第3章 異常巻きアンモナイトの研究

第4章 研究も展示も僕にとっての冒険だ

第5章 アンモナイトをめぐる冒険

第1章
化石の研究がしたい

本当にやりたいことなんてあるのだろうか

2011年3月、首都大学東京（現・東京都立大学）に通う3年生だった僕は、最終学年を目前に卒業後の進路の選択を迫られていた。

大学での専攻科目は数学であった。しかし、そもそも数学科を選んだのには割と不純な動機があった。数学科の大学受験では、理科の受験科目が他の専攻よりも1科目少なく、その代わりに数学が2科目、もしくは数学の配点が2倍になっていることが少なくない。高校時代、勉強はあまり得意ではなかったが数学だけは人並以上にできた。そして、理科が1科目減るのも楽で良い。受験科目が少なく、得意な数学を活かすことができる数学科なら、実力以上の良い大学に入れるんじゃないか。まあ、数学は得意だし、どちらかというと好きだし。そして、首都大学東京は実家から京王線で3駅先のところにあり、通学も簡単、しかも下り方面なので通勤ラッシュとも無縁だ。

このように、本当にその学問を勉強したいかどうかや将来のことなどもまったく考えずに、首都大学東京の数学科を第一志望にした。もしもタイムマシンで過去に戻れるとした

第1章

化石の研究がしたい

ら、恐竜時代より先に、自分の高校生時代に行き、ナメたものの見方をした自分をまずはポコッと一発殴りたい。

とも思うが、実際問題、高校生の時に本当にやりたいことを見つけ、将来につながる進路を適切に選択することはたぶん結構難しくて、明日のことはどうでも良い理由でとりあえず決めてしまうものなのかもしれない。握った拳を緩めてデロリアンから降りた。

〝得意〟な数学を活かした受験戦略の結果、無事、首都大学東京都市教養学部数理科学コースに入学することができたものの、そんな人間が理解できるほど大学の数学は甘くなかった。高校までの数学は、解法をある程度暗記し、問題をパターンに当てはめて解き、ひとつの正解を提示するようなものである。極端なことを言えば、何が起きているのか深く理解をしていなくても、多くの場合で突破できてしまう。しかし、大学の数学は違う。そもそも、「問題を解いて正解を見つける」ということよりもむしろ、その過程の思考の方により重点が置かれたものであった。「正解はなんだ」「わからないので、正解を教えてください」という姿勢で向き合っても、問題に正解することが真の目的ではないので、決して拓かれることはなかった。そして、概念を物体として表すことは不可能なことが多く、頭でイメージするのも容易でない。入学して間もなく、学問に対するスタンスを勘違いしている僕はつまずいてしまう。

　もはや理解することすら放棄してしまい、いつしか、授業の内容もまったく頭に入ってこなくなってしまった。結果、学業そっちのけで、パン屋でレジを打ち、家電量販店でケータイをＰＲし、ヘヴィメタルの速弾きギターを〝マスター〟して、背脂とニンニクたっぷりのラーメンを食い、ニンテンドーＤＳでポケモンの育成とバトルにいそしみ、友達と酒を飲んでハイネケンの空き瓶でタワーを作るなどして、大学生活の3年間を謳歌した。

　しかし、そんな自由気ままな生活ができるのも残り1年間。頭の中にあった選択肢は、社会の一員として働くか、大学院で数学を極めるかのほぼ2択。やりたい仕事なんてないし、数学の基礎すら修められておらず、大学院で極めるようなレベルにないことは明らかである。しかし、何かしらの進路を決めなくてはこのままでは宙ぶらりんだ。

　就職志望の同級生は髪を黒く染め直し、スーツを来て説明会に出かけていたし、大学院進学志望の同級生は研究と院試の勉強のために研究棟から出てこなくなった。


　僕は内心では焦っていた。

　このままでいけないことはわかっているが、やりたいことなんてない。

　そもそも自分が本当にやりたいことなんてあるのだろうか。このままなんとなく日々を過ごし、なんとなく歳をとり、なんとなく人生を終えるのだろうか。自由ではあるが、どこか満たされない思いを抱きながら、悶々（もんもん）とした日々を過ごしていた。

よみがえる恐竜

気持ちは焦っていても暇である。ある夜、たまにはクローゼットの中を整理してみるか、と思い立った。一際重い段ボール箱を引っ張り出して開けてみると、そこには幼少期のアルバムなどと一緒に、恐竜に関するいくつかの本が顔を出した。

家族アルバムには旅行の記録などの他に、僕が恐竜の折り紙を折っている様子やその作品の写真、自作の恐竜の絵などがスクラップされていた。幼稚園の卒園アルバムの表紙にはカラフルな三葉虫が描かれていた。一緒に入っている本は『恐竜ザウルス』『とやま恐竜時代』『せいめいのれきし』などだ。『恐竜ザウルス』と『とやま恐竜時代』はこどもの頃、祖父が買って送ってくれたものだった。一気に記憶がよみがえる。幼少期の僕は恐竜の大ファンで、家族ぐるみで応援してくれていたのだ。

恐竜の本を読んでみる。おとなになってから読む恐竜や古生物に関する研究の物語は、こどもの頃には理解できなかった部分も多少理解できるようになったためか、すごく新鮮なものがあった。クローゼットから発掘されたアルバムと本により、僕の中で絶滅していた恐竜は完全に復活した。

恐竜についてもっと知りたい、勉強してみたい。

インターネットで検索すると、「古生物学」という学問が存在するらしいことがわかった。古生物学とは、「化石などから、大昔の生き物の進化や生態などについて調べる学問」とのこと。そういう学問があること自体まったく知らなかったが、僕がやりたかったのはこれかもしれない。大学院から専攻を変えて古生物学を学ぶことはできるのだろうか。

古生物学のことを調べてすっかり夜更かししてしまった。

翌朝、少し遅く起床し、今から道を変えて古生物学を学びたい旨を家族に相談してみた。少し話をすると、父・母はどこか納得したような表情をし、前のめりに応援してくれた。正直、拍子抜けだった。普段から、就職することをそこまで急かされていたわけではないが、21歳にして化石を発掘したいという提案には、さすがにもう少し反対されたりすると思った。

母は、僕が小さい頃に恐竜に夢中になっていたことを覚えていたようで、「昔はあんなに夢中になっていたのに、今までそういうのをやりたいと言わなかったのが不思議なくらい」と言い、父は「中途半端にやるなよ」と言った。

さて、古生物学を学びたい場合、具体的に何をすれば良いのだろうか。インターネットで検索すると古生物学についてのさまざまなお役立ち情報が詳しくまとめられたウェブページ「古生物の部屋」がヒットした。古生物に関するややニッチな内容がものすごく丁寧に、詳しく書かれていて、ウェブページの端々から、作っている人は古生物学が本当に好きなんだな、というのが伝わった。ちなみに、古生物学博士のロバート・ジェンキンズという人らしい。外国人みたいな名前だなぁ。

ページの中には、国内で古生物学について学ぶことができる大学と在籍している教員についての情報がまとめられたコーナーがあり、「大学や大学院での研究を希望する場合は、教員にコンタクトをとると良い」と書かれていた。

そこで、まずは自宅から行くことができる大学の中で、相談できそうな先生を探してみることにした。横浜国立大学にアンモナイトなどを専門にしている和仁良二（わにりょうじ）先生という人がいるらしい。

和仁先生にメールを送ってみることにした。外部の大学の先生にメールを送ること自体初めてだ。初心者が急にメールをして失礼じゃないだろうか。あまりにもトンチンカンなことを言って怒られないだろうか。言葉遣いやメールマナーもわからない。

和仁「さん」？「様」？「先生」？「拝啓」とか「敬具」とか必要？不要？作法を調べつつ、大学院から古生物学を研究してみたい気持ちを正直にメールに書いた。送信ボタンを押すのはかなり緊張した。

和仁先生からはすぐに返事がきた。心配に反して、「ぜひ一度研究室に来てください」という、とても好意的なものだった。

ポケットの中の化石

2011年4月。

さて、横浜国立大学を訪問する約束の日がやってきた。自宅のある小田急永山駅から小田急線と相鉄線を乗り継いで1時間ほど電車に揺られ、和田町駅で下車。そこから「和田坂」と呼ばれる急な階段を上った先の丘に横浜国立大学はあった。勝手に抱いていた「横浜」のキラキラした港町的なイメージとはずいぶんかけ離れていたが、緑豊かな公園のようなキャンパスに居心地の良さを感じた。

大学のキャンパスは広かったが、先生はどの門から入ると研究室にすぐ着くことができる、ということもメールで教えてくれていたので、迷わずに研究棟に到着することができた。

研究室に着きノックをすると、和仁先生が出てきた。和仁先生はたぶん30代後半くらいの、思っていたよりも若い研究者だった。

和仁先生は、古生物学の基本的なことや、和仁研究室では特にアンモナイトやオウムガイを対象としていること、北海道などに調査に行くことの他、関東圏の他大学の古生物学研究室についての情報も教えてくれた。とにかく親身で、優しい先生だと思った。そして、研究室にあるアンモナイトをいくつか見せてくれた。「マダガスカル」と書かれたコンテナにゴロゴロと入っているアンモナイトを眺めていたら、

「そこにある化石、ひとつ持って帰っていいよー」

と先生は言った。耳を疑った。化石とは、博物館などでしか見ることができない、とにかく貴重なもので、個人で所有することなど考えたこともなかった。「ええっ、いいんですか!?」とか言いながらも、3㎝ほどの化石をひとつ選んだ。その化石の形や真珠光沢が

一番きれいに見えたからだ。

先生は「そんな小さいのでいいの？」と言ったが、僕は「これがいいです」と答え、その化石をもらった。化石に触ったのはこの時が初めてだったので、その時の感動は今もはっきりと覚えている。一億年前の生き物に触っている、スゴイ。これが恐竜と同じ世界に生きていたアンモナイト。もしかしたら海の中で首長竜とすれ違っていたかもしれない。

生まれて初めて化石に触っているということ。これが自分のものであるということがとにかくうれしくて、「和田坂」を下り、帰りの電車に乗っている最中も、ポケットの中でずっとその化石を握っていた。


家に帰ってから、じっくりと化石を眺めた。殻には真珠光沢があり、光を当てるととてもきれいに輝いた。ネットで調べると、これはクレオニセ

和仁先生にもらったクレオニセラス。美しい真珠光沢を呈する。

ラス（*Cleoniceras*）という種類のアンモナイトらしいことがわかった。化石が目の前にある状況がとにかくうれしくて、数日眺めていると、殻の剝がれているところから、殻の中身が見えた。そこには、奇妙な模様があった。本によると、これは「縫合線（ほうごうせん）」と呼ばれるアンモナイトに特有な構造とのこと。

その模様は、同じような要素が繰り返し現れて構成されている「フラクタル」と呼ばれるもので、自然が・生物が作った模様とは思えないほど奇妙であり複雑で、独特の美しさがあった。また、この美しい模様が3㎝の小さい化石の殻の奥に隠れていたということ自体に神秘性を感じた。

和仁研究室を訪問して以来、アンモナイトにかなり興味が傾いていたものの、他の古生物にも興味があった。横浜国立大学に訪問した後、別の古生物を専門にしている他大学の先生にも話を聞きに行ってみたが、今まで古生物学を学んだ経験がなく、大学院から始めたいということを伝えると、「面倒を見ることができない」とほぼ門前払いされてしまい、やっぱり今からのスタートでは遅いか、と落ちこんだこともあった。

和仁先生は研究室のゼミに来て良いと言うので、夏までの間に数回通った。実際に研究室で行なわれている卒論研究の話を聞いたり、進路に関する相談をしたりした。大学院からスタートして研究ができるかどうか、今一度心配に思っていることなどを伝えると、和仁先生は「心配いらない。誰にとっても初めての時はあるじゃん」というようなことを言った。

和仁先生のもとでアンモナイトを研究対象にすることを心に決めて、横浜国立大学を受験することにした。また、ウェブページ「古生物の部屋」で紹介されている教科書をいくつか購入し、古生物学と地質学の勉強を本格的に開始した。

それまでの人生では勉強自体に目的がなく、進学するため、進級するために必要な最低限のことをやっているだけだった。そのような必要に迫られた勉強ではなく、心の底から湧き上がる純粋な知的好奇心のままに行なう勉強は本当に楽しいものだった。これほど勉強が楽しいと思ったのは生まれて初めてだ。地球の成り立ちや生物の進化に関することは驚くことばかりで、知識がひとつひとつ増えていくことに喜びを感じ、日々ワクワクしながら勉強をしていた。というより客観的に言えば勉強なのだが、この時は、あまり勉強をしているという意識をもっていなかったかもしれない。誰かに強いられるのではなく、興味をもったことを主体的に深掘りしているだけ。本来、勉強とはこういうものであるべきかもしれない。

院試が近づき、面接のプレゼンテーションのために大学院での研究計画を考える必要があった。縫合線の形に興味をもったこと、最終的には縫合線の複雑さは何に役立ったのかを明らかにしたい旨を和仁先生に相談した。そしたら、「実は、相場くんは縫合線をテーマにすると良いと思っていた。数学を専攻していた立場から縫合線を見て、何か思いつくことはないですか？ また、北海道のアンモナイト化石は保存状態が良いので縫合線の観察にも向いていると思う」と、先生は僕の背中を押してくれた。

8月下旬、院試の本番。緊張していて、ひどく蒸し暑い日だったこと以外、当日のことはあまり覚えていない。それから2週間ほどして合格の通知を受け取った。

アンモナイトの縫合線は何のため？

2012年4月。横浜国立大学大学院 環境情報学府 環境生命学専攻に入学した。すべてが新鮮だった。研究室で化石を観察したり種類を調べたり、先行研究の論文を読んで勉強したりするだけでなく、古生物学、生態学、海洋学。すべての授業が楽しかった。大学構内の植物を観察し、スケッチをする実習や、JAMSTEC（国立研究開発法人海洋研究開発機構）での集中講義も楽しかった。ＪＡＭＳＴＥＣでは有孔虫（石灰質の殻をもつ小さな原生動物）の観察や、深海性のエビの生態を詳しく調べたり、さまざまな生き物を解剖し、体の仕組みを比較するなどした。さまざまな観察手法、解析手法の例を広く学んだ気がする。

研究室で、修士課程で取り組む研究テーマについて、先生と改めて相談をした。入学前から予定していたとおり、縫合線の複雑さを明らかにするということを目標にすることになったが、先生は分析方法や研究対象などを具体的に指定しなかった。「きっと、そういうところから自分で考えてやった方が楽しいはず。どんなものを、どんな方法で調べたら、どんなことがわかるか、いろいろ試してやってみるといいよ」とのことだった。と言いつつ、「縫合線を定量化（数値として評価すること）する方法の参考になるかもしれない」と、最新の論文を提案してくれた。

ここで、アンモナイトの殻の特徴について説明しておこう。アンモナイトの殻は「螺環（らかん）」と呼ばれる管状の殻が巻いたものである。多くの種類は平面螺旋（らせん）状に巻くが、「異常巻きアンモナイト」と呼ばれる平面螺旋状には巻かない種類もいる。異常巻きアンモナイトについては後の章で詳しく説明するので、まずは平面螺旋状に巻いた、いわゆる「正常巻き」の種類について説明する。殻の巻きの緩さや、螺環の太さはさまざまであり、殻の表面にはさまざまな装飾があるものもいるが、内部構造は共通している。螺旋状の殻の外側の半周から一周くらいは「住房」と呼ばれる、アンモナイトの本体が入っていた場所である。住房より奥の部分は、多数の「隔壁」と呼ばれる壁のようなもので仕切られており、その仕切られた小部屋を「気室」と呼ぶ。各気室は、「連室細管」と呼ばれる細い管でつながれている。

気室と連室細管があるアンモナイトの殻内部構造は、生きた化石として有名な「オウムガイ」や、渦巻状の殻を体内にもつ深海性のイカのなかま「トグロコウイカ」と共通しており、アンモナイトは彼らと同じ「頭足類」のなかまであることがわかる。一方で、アンモナイトの螺旋状に巻いている殻は、一見すると巻貝にそっくりだが、巻貝の殻の中には連室細管でつながれた気室がない。

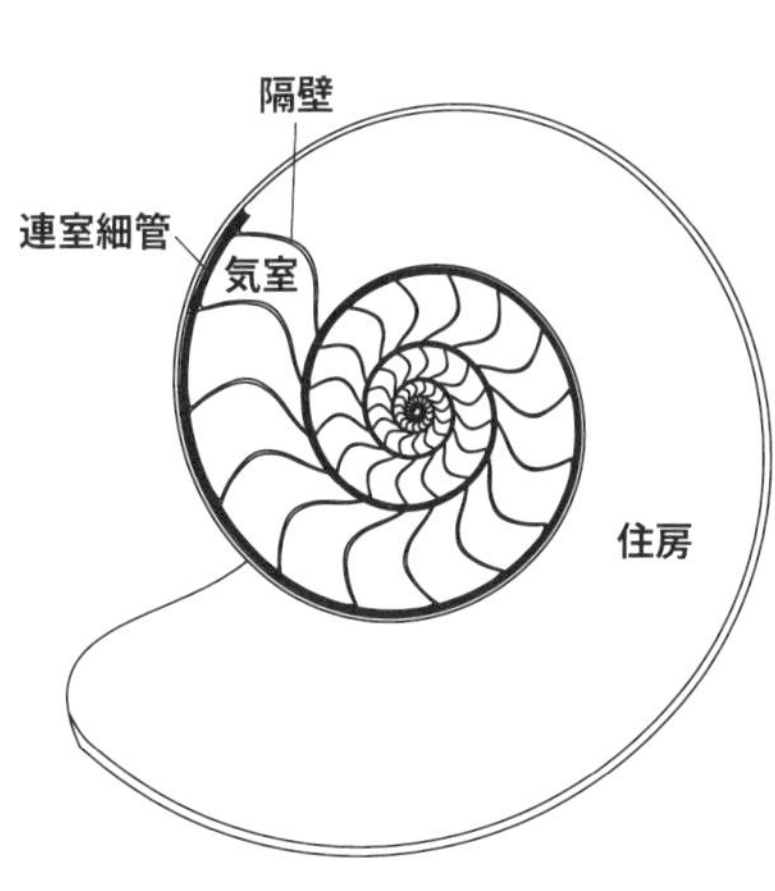

アンモナイトの殻断面図。

気室と連室細管の有無の他にも、アンモナイトと巻貝には異なる特徴がある。それは殻の対称性である。アンモナイトの殻を縦に見ると、その中心である正中面に通っている「連室細管」を境に左右対称になっている。「異常巻き」をのぞくアンモナイトにおいては、左右対称性は驚くほど精密であり、化石を切断すると連室細管は巻きのはじめから最後まで、ほとんどズレることなく一平面上に位置していることが確認できる。アンモナイトはバランス感覚に優れ、海の中で自分の体の中心をかなり正確に把握できたのかもしれない。また、殻の精密な左右対称性は、同じく殻をもつ頭足類のなかま、オウムガイとトグロコウイカも同じである。ちなみに、巻貝ではごく一部をのぞき、ほとんどの螺旋は偏っていて左右対称の形にはなっておらず、右巻きの螺旋を描く殻が圧倒的に多い。これは海中を遊泳するか（頭足類）、遊泳せずに海底

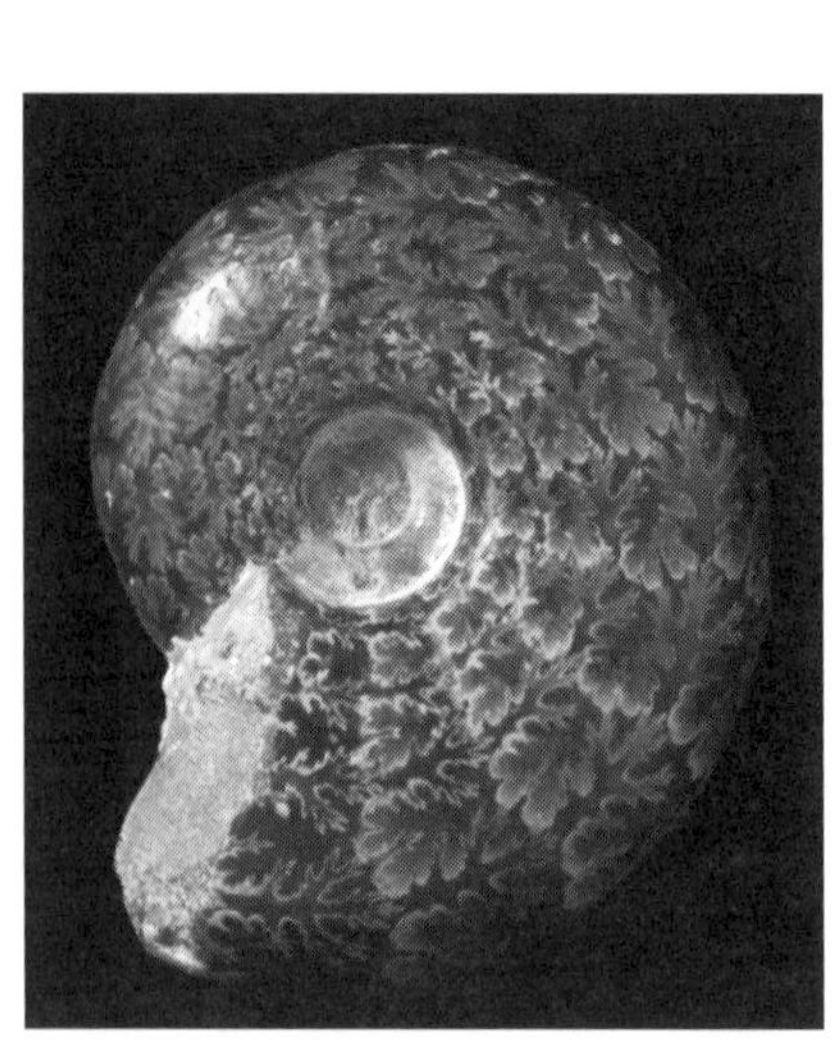

外殻を剝いで縫合線が観察できるようにした化石。

に接地して生活するか（巻貝）の違いに関係があるのかもしれない。

殻の内部構造に話を戻そう。アンモナイトの殻内部にある隔壁は平らではなく、縁がカーテンが波打ったような形をしている。その波打った隔壁の縁とそれを囲む外殻の交線こそが「縫合線」である。

アンモナイトはおよそ4億年前の古生代デボン紀から6600万年前の中生代白亜紀末まで長く繁栄していたが、古い時代のアンモナイトのものほど刻みが少ない比較的シンプルな形をしており、新しい時代のものほど複雑に入り組んだ模様をしているという大まかな傾向がある。また、模様のパターンは分類内で安定しているため、縫合線はアンモナイトの分類において非常に重要な形

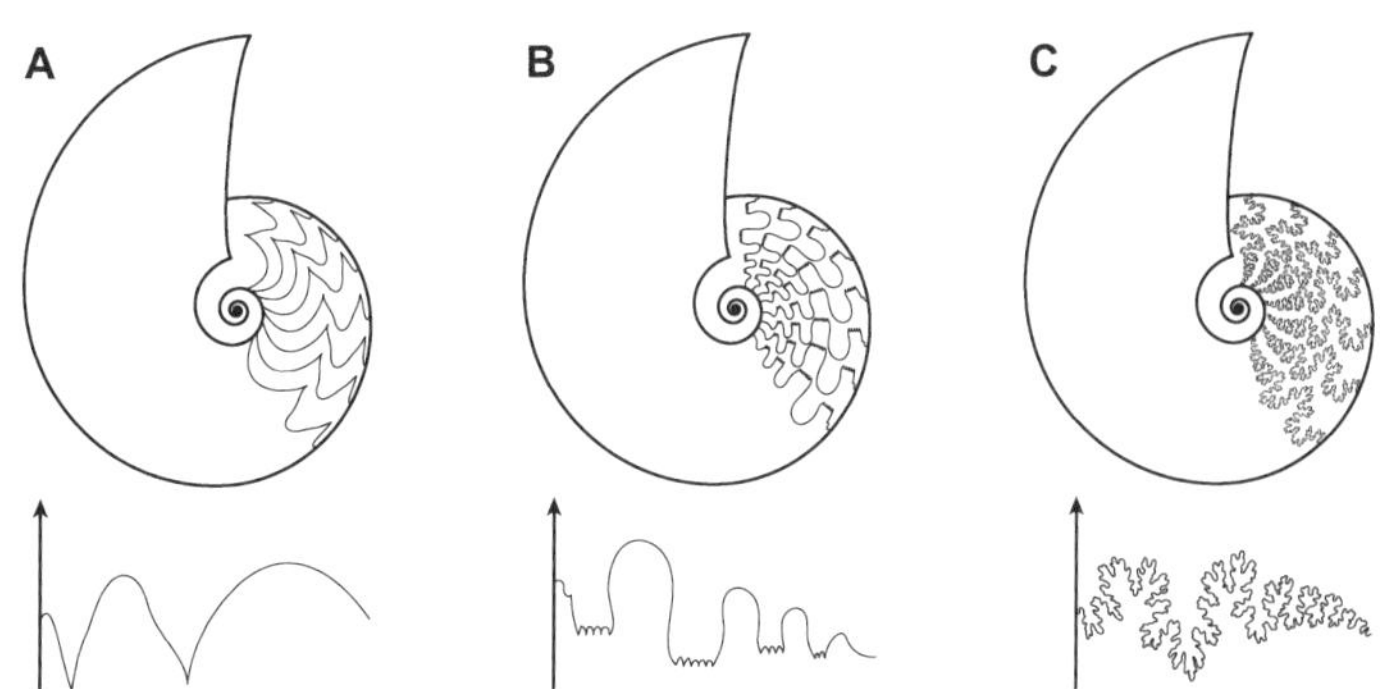

さまざまな時代のアンモナイトの縫合線。A. ゴニアタイト型（古生代）、B. セラタイト型（中生代三畳紀）、C. アンモナイト型（中生代ジュラ紀〜白亜紀）。

質である（縫合線の形の違いにより、大まかにグループ分けされている）。

ちなみに、現在生きているオウムガイの隔壁の縁は大きく波打っていないため、縫合線は複雑な模様にはなっていない。


アンモナイトの縫合線の不思議な模様に魅了された研究者は数多い。この不思議な模様はどのようにして作られ、どのように役立ったのか、これまでにいくつか説が提唱された。複雑な縫合線の機能に関するもっとも古典的な説明は、複雑なものほど殻の強度を高めるのではないかというものだ。現在生きているオウムガイがそうであることから、アンモナイトの気室にはガスが充填されており、海中で「浮き」の役割をしていたと考えられている。また、海の中で暮らしていたことは間違いなく、そうなると当然、気体が入った気室とその外側の海中間で圧力差が生じ、殻の外側から内側に向かって強い静水圧がかかっていたはずである。アンモナイトの複雑な縫合線は、この圧力に対抗するために複雑に発達しているのではないか、というのが「強度向上説」である。

強度向上説については、19世紀に提案されて以来、これまでさまざまなアプローチから研究され、検証されてきた。ある種のアンモナイトでは、螺環の形状的に圧力が集中しやすい箇所（例えば曲率が小さく平らな面）ほど、まるでその部分を補強するかのように縫合線が複雑になっている傾向があることが指摘されている他、隔壁の応力分布を調べて、刻みが多く複雑な形をしているほど、水圧をうまく分散できる傾向などが示されているなど、この説を支持するような研究結果が少なからず知られている。一方で、強度向上説を支持しない報告もある。ある時代のさまざまな種類のアンモナイトの縫合線の複雑さと螺環の形の関係を調べたところ、それらには相関関係は見られず、殻の形の違いによって存在すると思われる水圧に対する耐性を補強するような役割が縫合線にはなかったとする結果が報告されている。また、ある解析によると、縫合線に強度向上機能があったとしたら、深い環境に生息する種類ほど、殻の強度を高めるように縫合線が複雑化していることが予想されるが、生息水深と縫合線の複雑さには特に相関性が見られないという見解が示されている。このように、さまざまな条件での解析や観察報告があり、強度向上説の議論は決着を見ていない状況であった。ちなみに、僕も、和仁先生からもらったクレオニセラスを眺めていて、最初に縫合線の存在に気がついた時、この模様にはきっと殻の強度を向上させるような役割があるのではないかと直感的に思った。

「強度向上説」を検証できるような、良い手法は何かないだろうか。先行研究を見ていて気がついたことがあった。強度向上説に対して否定的な見解を示した研究の多くでは、縫合線の複雑さを何か（殻の形や推測生息水深）と比べる際に、複数種を調べて傾向を調べているということである。たしかに複数種を調べて見えてくる傾向というのは大切であると思う。しかし、種が異なることにより他の要因が生じてしまう可能性があるのではないだろうか。例えば、アンモナイトは種類によって成熟の大きさが異なるが、大きさの違いは強度を議論する際に無視して良いか、ということである。できるだけ、注目する以外のことは条件を揃え、ある程度無視しても良い状況の方が、純粋な議論になるはずである。では、同時代・同地域に生息していた同種、もしくは同種に限りなく近い種類、そして同程度の大きさの殻に限定して調べてみたらどうだろうか？

注目する殻の特徴と縫合線の複雑さ以外、できるかぎり条件を合わせた同種内で比較することは、これまでとは少し異なる比較になり、もしも何か新しい結果が得られたら、議論に一石を投じることができるのではないかと思った。

……と、研究テーマの細部をいかにも自分で考えたように書いたが、今思うと、「種内で縫合線を比べる」ということについて、和仁先生は日頃からチラチラ言っていた気がする。自分で考えたように当時は思っていたが、実は自然に先生に誘導されていたのかもしれない。

縫合線の〝複雑さ〟の数値化

さて、種内で比較するにあたり、どんな種類を対象にするのが良いだろうか。注目する特徴は、微妙に差があるレベルではなくて、できるだけ個体差が大きいものが良さそうだが、そんな都合の良い種類なんているのか？

最適な化石を先生が持っていた。それは先生が教材用に購入していたマダガスカル産のアンモナイトだ。その中にデスモセラス・ラティドルサータム（*Desmoceras latidorsatum*）という種類がいた。マダガスカルの他、ヨーロッパやインド、日本など世界各地から見つかる白亜紀のアンモナイトで、殻の太り方に著しい種内変異があり、太いものはインフラータム型（forma *inflatum*）、細いものはコンプラナータム型（forma *complanatum*）、中くらいのものはメディアム型（forma *medium*）など、それぞれに種より下のランクの名称が付けられていた。

これらの型ごとに、殻の太さと縫合線の複雑さの関係性にどのような傾向があるのかを調べることにした。

どのように縫合線を記録し、その複雑さを評価するか。まずは、化石表面の殻を剥がして縫合線を露出させ、顕微鏡で縫合線を見ながら紙に描き写す。その縫合線スケッチをスキャナーでパソコンに取りこみ、画像描画ソフト「イラストレーター」でトレースして線画にする。これで一応は縫合線の形状をデジタル化することはできた。次に複雑さの数値化。これは、縫合線の端から端までの最短距離に対して、どれだけ線が遠回りしたかで数値化することで表すことにした。つまり縫合線の長さをスタート地点とゴール地点の最短距離の長さで割る。縫合線の曲がりくねりが多く、また〝切れこみ〟が大きいほど、大きい数字として表現される。かなり原始的な方法であるが、シンプルで直感的であるのが良いところである。

修士課程の2年間で100個体以上のアンモナイトの殻を剥がし、半分まで研磨し、約400本の縫合線の複雑さを計測した。ただの単純作業の繰り返しなのに、作業がとにかく楽しくて、毎日夢中でデータを蓄積した。

そのようにして計測した縫合線の複雑さと殻の太さの関係を調べたところ、殻が太い型であるインフラータムと、殻が細い型であるコンプラナータムで相関性が見られた。興味深いのは、それぞれ、正の相関と負の相関を示していることだ。インフラータムでは殻が

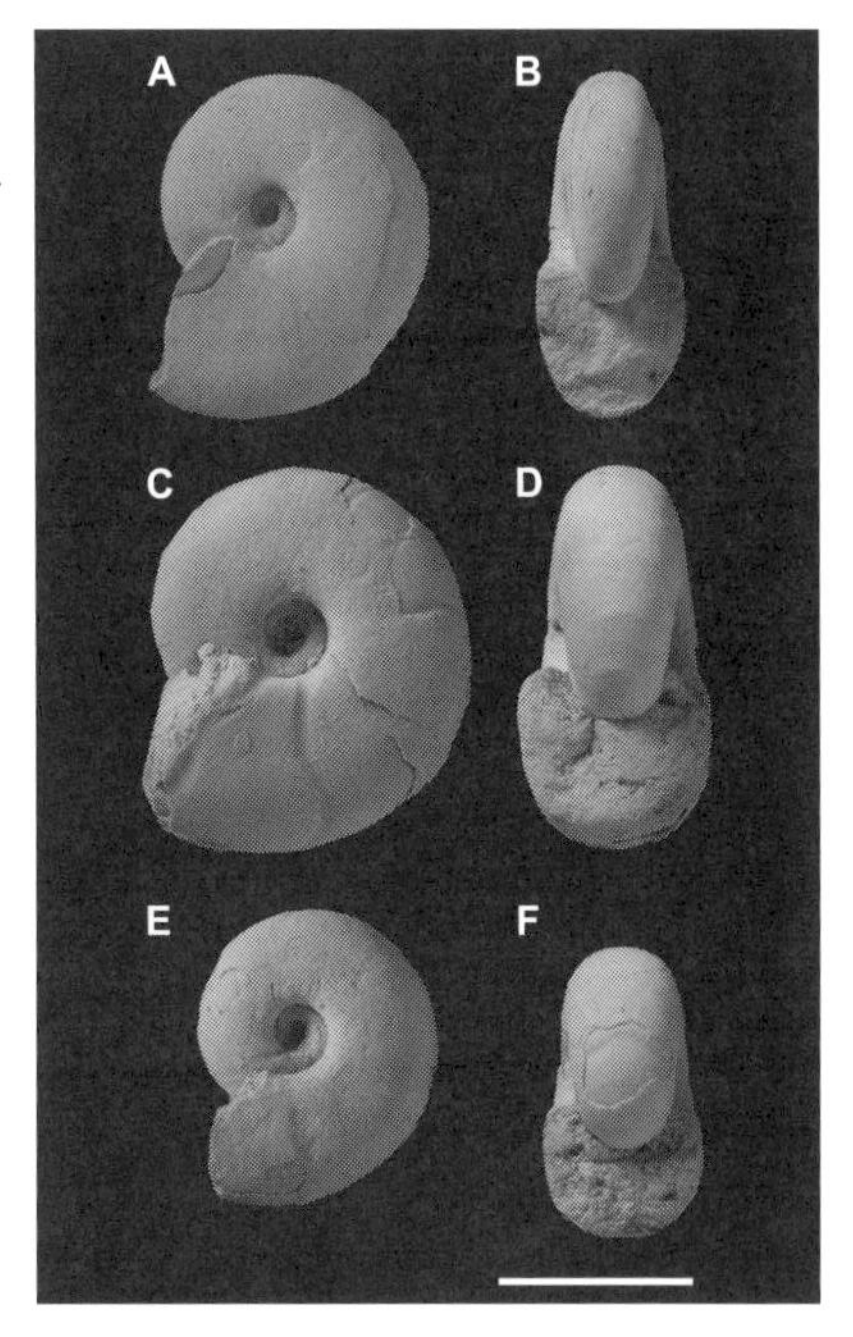

デスモセラス・ラティドルサータムの種内変異。A, B. コンプラナータム型、C, D. メディアム型、E, F. インフララータム型。スケールバーは2cm。(所蔵:三笠市立博物館)

縫合線の観察とトレースをしている様子。

太いほど縫合線がより複雑であり、コンプラナータムでは殻がより細いほど縫合線がより複雑である、という傾向だ。一方で、殻の太さが中くらいの型であるメディアムの中では、2つの相関関係は見られなかった。これらの傾向は、ある殻の太さを基準として、細くなるか太くなるかするごとに、縫合線が複雑になるとも解釈することができる。つまり、強度の面で理想的な形があって、その形から遠ざかるほどに下がる殻の強度を縫合線が補っていると一応解釈しようと思えば解釈できる結果である。

初めて、手を動かし、何かしらの傾向が得られたことに感動を覚えた。この研究は、「Covariance of sutural complexity with whorl shape: evidence from intraspecific analyses of the Cretaceous ammonoid *Desmoceras*（日本語訳……縫合線の複雑さと螺環形態の共変動：白亜紀アンモナイト類デスモセラスの種内解析）」と題し、この研究成果をもって修士課程を無事修了し、その後紆余曲折を経て、国際学術誌スイス・ジャーナル・オブ・パレオントロジーに掲載され、僕にとっての最初の論文となった。

この研究を思い返すと、初めての研究にしては我ながらいろいろと工夫したと思う反面、データの読み取りと議論の粗が気になってしまう。

そもそも、「殻が太いほど・細いほど殻の強度が下がる」とは確かなのか。まずはそこから確認する必要がある気がする。直感的には、断面が円に近いパイプに比べて楕円型のパイプの方が均等な圧力に弱いようなイメージがあるが、アンモナイトの殻の断面の形は円ではなく、底が少しえぐれたカマボコ型に近いし、殻の形ごとに強度を応力解析し[*1]、どのような形の殻で強度が高く、逆にどのような形の殻で強度が低いのかを可視化するべきだろう。また、アンモナイトの殻は水深何メートルで破裂するのか？　そして、縫合線の複雑さは実際にどれだけ殻強度の向上に寄与し、殻が破損する限界水深をどれほど向上させたのか？　そして、デスモセラスは実際に破裂の限界水深が関係するほどの水深に棲んでいたのか？　殻の強度を議論する上で前提となるさまざまなことが不明すぎる。泳いでいたアンモナイトが、海中のどのくらいの深さで泳いでいたのかを正確に復元するだけで大仕事だ。

当時この研究をやりながらも、データの解釈次第の部分が大きいよなぁと思っていた。

＊1　機械や構造物の強度を評価し、どこに力が集中しやすいのかを解析する。その結果を、例えば強度が高い部分を青色、強度が低い部分を赤色などで示し、色のグラデーションにより強度差を可視化したりする。

もっと深掘りした解析をする必要があるが、かと言って、今後この研究をさらに突き詰めるかというと、あまりやる気が起きなかった。

室内でパソコンに向かい合って、殻の形ごとの強度と生息限界深度を計算する？　もしくは、精密に作ったアンモナイトの殻の模型を水槽に沈めて水圧をかけて破壊する？

研究の手法の是非は置いておいて、楽しそうに研究している自分のすがたがまったく想像できなかった。

もっとフィールドワークに重きを置いた、地層を調査して化石を発掘し、何か新しい現象を発見をするような、そういう手法を中心とした研究がやりたいなぁ、ということを漠然と思っていた。

アンモナイトをCTスキャンしてみる

2012年6月。

話は遡り、大学院1年の初夏である。複雑な構造である隔壁、縫合線の形をどのように評価するかいろいろ模索していた中で、お隣の間嶋隆一（まじまりゅういち）先生の研究室にポスドク研究員として所属していたロバート・ジェンキンズさんに一度アンモナイトのCT（コンピューテッド・トモグラフィ）画像を撮ってみたらどうかと勧められた。

そう、ロバート・ジェンキンズさんとは、僕が進路を考える上でもっとも参考にしたウェブページ「古生物の部屋」の主宰者である。たしかにウェブページにも横浜国立大学の間嶋研究室に所属していると記載されていた。

最初の出会いは、たしか大学院に入学してからしばらくして間嶋研究室の先輩が夕飯時に学食に行くのに誘ってくれて、そこにロバートさんも一緒だった時だ。ロバートさんは東京大学のアンモナイト研究の大家、棚部一成先生の研究室の出身で深海底の化学合成生物群集[*2]などを専門にしている。陽気で、とにかく楽しそうに研究の話をするすがたが印象的で、当時ロバートさんのような研究者になりたいと思っていた。

ロバートさんも大学の学部では別の学問を専攻していたが、化石の魅力に取り憑かれ、大学院から古生物学に転身したとのこと。大学で古生物学のことを勉強していない僕が大

＊2　太陽の光の届かない深海底などにおいて、海底から湧き出る熱水や冷湧水に含まれる硫化水素やメタンなどの化学エネルギー源に依存する生物群集のこと。地上の光合成生態系とは独立した生態系を構成している。

学院から学問を始めて本当に研究者になることなどできるのかと不安だった当時、ロバートさんの存在自体がとても励みになった。

　ロバートさんの知り合いの方がやっているという有限会社ホワイトラビットが開発した３Ｄデータビュワーツールを使って、コンピューター上でアンモナイトや他の化石をグリグリしていろんな角度や断面から観察する様子を見せてくれた。これでアンモナイトの殻内部を立体的に見たらおもしろいんじゃないかと。

　ＣＴとは、対象物の部位によるＸ線の透過率差を利用して、内部構造を調べる検査方法である。医療分野で発展した技術であるが、この方法で化石を検査すれば、アンモナイト化石を壊さずに隔壁などの内部構造を調べることができ、一段階深い研究ができるかもしれない。

　和仁先生もＣＴを撮ることに賛成してくれて、国立科学博物館にあるＣＴを使わせてもらえないか、知り合いだという科博の真鍋真（まなべまこと）先生に相談してくれた。

　最初の方は、真鍋先生と和仁先生のやりとりの同報メールを見ていた。科博のＣＴは坂田（さかた）智佐子（ちさこ）さんという方がオペレーションを担当しているとのことで紹介され、それからは坂田さんと直接やりとりをした。

坂田さんは小さなアンモナイト化石を試しに撮影してくれ、画像を送ってくれた。その画像を確認するとたしかに内部構造を確認することができ、中までちゃんと見えたことにとても興奮した。ぜひ撮影してほしいと改めてお願いし、10月に科博でCT撮影を行なうことになった。

10月6日、緊張と期待と共に上野にある国立科学博物館に向かった。通用口から入ってきてほしいとのこと。いつもは客として正面から入っていた憧れの科博に裏口から入る。思えば博物館の裏口から入るのはこの時が初めてだ（……いや、初めてではなかった。こどもの頃、ゲームボーイで遊んだ『ポケットモンスター 赤』で、ニビかがくはくぶつかんの敷地にある木をいあいぎりで切って裏口から入り、研究員から「ひみつのコハク」をもらったことがある。だからよく考えたら今回が2回目だ）。

受付で記名し、入館証を受け取り、そこから職員

動作中のX線CT装置。（国立科学博物館）

通路を経由して常設展に向かう。恐竜の骨格標本がたくさん並ぶ地球館の地下1階の奥に進むとCT撮影室があった。このCT撮影室は、展示の一部のようになっていて、以前展示を見に来た時、誰かが作業しているのを見た記憶があった。

ガラス張りのドアの先にはコンピューターの画面に向かう女性がいた。坂田さんだ。ノックをすると中から坂田さんが出てきた。坂田智佐子さんは真鍋先生の研究室にいる技術スタッフで、研究や展示の調整を行なっている方だ。関西弁の明るい女性である。

CT撮影は、撮影前の調整も含めて結構時間がかかるらしい。坂田さんは、僕が到着するまでに準備をしてくれていた。この日は、直径5㎝くらいのマダガスカル産のデスモセラスを撮影のために持参していた。和仁先生が所有していたものの中で、隔壁に変形がなさそうな、できるだけ保存状態の良い標本を選んだ。殻が剝がれていて、縫合線が見えている。この縫合線を形作る内部の隔壁ははたしてCT画像に写るのだろうか。

標本を四角い緩衝材で固定し、CT撮影機のステージに置いて、撮影ボタンを押した。撮影中は特にやることがないので、展示を見てきて良いとのこと。恐竜やアンモナイトを眺めて時間を潰した。

お昼ご飯は科博のお向かいにある東京藝大の学食に連れて行ってくれて、カレーを食べながら坂田さんはさまざまな助言をくれた。

人と人とのつながりを大切にすること。頭を柔らかく、柔軟な発想をもつこと。研究助成や公募へはどんどん応募し、チャンスを無駄にしないこと。多くの研究者とやりとりをしてきた坂田さんは研究者にとって大事なこと（いや、研究者になるために限らず、生きていく上で重要なこともたくさん含んでいたかも）をたくさん知っていた。その時のアドバイスは、「そう言えば坂田さん、あんなことを言っていたな」と度々思い出し、現在に直接つながっている。

また、現在取り組んでいる研究テーマは自分で考えたということを話したら、なぜ先生からもらっていないのかと聞かれた。自分で謎を見つけて、それを自分で明らかにしたいというようなことを答えたら、自立した研究者を目指す姿勢が素晴らしいと、ものすごく褒めてくれたのがとてもうれしく、自信になった。

科博に戻ってから間もなくしてCTの撮影が終わり、データをもらって帰った。

撮影データを3Dで見るのは簡単ではなかった。データをどのように処理すれば良いか全然わからない。撮影時のパラメーター設定の数値を坂田さんに確認してもらったり、ロバートさんとホワイトラビットの岩下智洋(いわしたともひろ)さんがかなりリソースを割いてくださったおかげで(というより、ソフトで見られるデータへの変換等は、ほとんどロバートさんと岩下さんがやってくださり、僕はほとんど何もしていない。何もわからず、何もできなかった)、コンピューター上で再構築されたアンモナイトの3D画像を無事に見ることができた。

CTスキャンのボタンを押したら、キュイーンとか音を立てながら機械が動き、しばらくすると電子レンジのように「チンッ!」とか音が鳴って、間もなくモニター画面上に自動的に3D画像が表示されるというようなものを勝手にイメージしていたので、思っていたよりも大変だったというのが正直な感想だ。そして、残念ながらCTで殻全体の形を3Dデータにすることはできたが、内部の隔壁の形はあまり鮮明に見られず、次の研究段階に進むことはできなかった。

多くの方々を巻きこみ、たくさん労力をかけていただいたのに具体的に活かすことができず、今でも少し申し訳ない気持ちでいる。隔壁の3次元観察についていろいろと検討できたことは間接的に修論の縫合線の研究に役立ったし、僕にとって初めて学外の方々の協力を仰いだ経験となり、ロバートさん、坂田さん、岩下さんとの出会いも財産だ(岩下さんとは、それから7年後の2019年に日本古生物学会の異常巻きアンモナイト3D化プロジェクトで協働し、その年の10月、東京にある深田地質研究所が主催した地質学・古生物学の普及のイベントで初めて直接お会いすることが叶(かな)った)。

そして、一連のCT撮影と3次元構築を通して、僕は極度の機械音痴だということが改めてよくわかった。やってわかったことがそれ、というのは情けない限りだが、この辺の能力が鍵になるような研究分野でトップになるのは険しい道のりになると、この時に確信した。

第2章

不思議の芽の発見

北海道でのフィールドワークと密集産状の謎

方向転換、でもどちらに？

2013年7月。科博でCTを撮影してからおよそ1年後の大学院2年生の夏、僕は北海道の山中で悩んでいた。

地質調査・化石サンプル採集のために北海道に来ていた。1年前の夏、基本的な地質調査のやり方を先生から教わり、今回が2回目の調査である。

北海道には、蝦夷（えぞ）層群と呼ばれる中生代白亜紀に当時のユーラシア大陸沿いの海で堆積した地層が南北に広く分布している。化石は、積み重なった地層の荷重により変形してしまうことがあるが、そこからは変形がほとんどなく、立体的に保存されたアンモナイト化石がたくさん見つかる。北西地域にある苫前町（とままえちょう）が僕の調査フィールドで、この地域の地質図を作成しつつ、縫合線（ほうごうせん）の解析に使えるような、保存状態が良いアンモナイトを集めるというのが一応の目的であった。

さて、その調査の最中、一体何に悩んでいたのかというと博士課程に進んでから取り組む研究テーマについてである。調査に出る前の6月、博士課程の学内推薦の試験（プレゼンテーション）を行なったのだが、その時に説明した自分で考えた研究計画について、心のどこかに違和感をもっていたのだ。

その時に話した研究計画は、修士課程から引き続き、複雑な縫合線とそれを形作る隔壁の機能を明らかにすることを目指した内容で、CT画像データの解析や3Dプリンタで立体模型を製作し破壊実験を行うなど、これまでに行なってこなかったアプローチを取り入れていた。

アンモナイトだけがもつ、異常なまでに入り組んだ複雑な縫合線は美しく神秘的である。また、縫合線を観察して計測する作業自体は楽しい。しかし、メインテーマにするには、自分が一番やりたかったこととは微妙に違うような気がする。

このまま走り続けて良いのだろうか。先に述べたように、隔壁を縫合線として表面的に見えている線ではなく、立体物として認識するためにCTデータから殻の3次元モデルの構築を試みるということはすでに進行していた。3Dアンモナイトをいろいろな角度から眺めるのは楽しかったが、あらゆる作業工程において、僕はひとりではほぼ何もできないということもわかった。

この間にも世界のどこかでは、アンモナイトがバリバリ放射線を浴びて、中身が丸見えになっている。そんな世界の最先端から、僕は一歩も二歩も出遅れている。

みんながスリーポイントシュートの練習をしている時にまだドリブルをするのに四苦八苦しているような状況だ。いや、それ以上の開きがあるかもしれない。そこから華麗なピボットでライバルたちを出し抜き、NBAのスター選手になり、バスケブームをけん引し、自分の名がついたブランドのスニーカーが大ヒットするような、そんな存在になるところまで行くことができるのか。

やっぱり少し厳しい気がした。バスケットボール以外にもスポーツ競技はあり、長期的には諦めないにしても一旦バスケットボールを脇に置くという選択肢もある。競技転向し、成功したアスリートはたくさんいる。

研究に関しても、出遅れているのだからこそ努力の方向を一度考え、最適解で結果を出す道を選ぶ必要があるはずだ。

とは言っても、自分の適性なんてものは自身でもそう簡単にはわからない。自分にはどんな研究が向いているのか？　本当にやりたい研究とはどんな研究なのか？

ここで章の冒頭に戻る。僕は、研究テーマと自分の適性に悩みながら、ハンマーを振っていた。一応の目的のための地質調査の作業も進めつつも、別の研究テーマの切り口を見つけること、地層から何かおもしろいこと（もの）を発見することに駆られていた。

地質調査ハウツー

そもそも地質調査は何のためにやっていて、どんな作業をしているのかということを説明しておきたいと思う。

化石を調べたいのだから、ただ目的の化石を得られればそれでいいじゃないか、と思うかもしれない。しかし、それでは化石から知ることができることに限界がある。

例えば、2つの化石を並べて、それらの系統関係、つまり進化を調べたいと思ったとしたら、重要になるのがそれぞれの生きた時代の前後関係であることは想像に難くないはずだ。どちらが先に登場し、どちらが後に登場したのか、これがわからないと進化を語りようがない。地層の重なり方を調べて、その地層から得た化石であれば、時代の前後関係は迷わない。

また他には、ある絶滅動物の古生態、つまり生き様を明らかにしたいと思った時に、その化石がどのような状態で地層の中に埋まっていたのかは重要な情報である。例えば、二枚貝の殻は、死んだ後に流されたりすると右と左の殻がバラバラになったりする。バラバラになったたくさんの二枚貝の化石が地層の中から出てきたら、それは死んだ後に流された可能性が高く、生きていた当時には別の場所に生息していたのかもしれない。逆に、殻が合わさった状態の二枚貝がたくさん出れば、それらはほとんど流されておらず、生前からその場所を生息域として生きていた可能性が高い。死んだ直後に堆積物に埋もれたか、もしくは生息姿勢が保たれているなら生き埋めになったのかもしれない。

また、海の地層の場合は、その地層が泥岩から成るか、砂岩から成るか、波の影響を受けたような構造が見られるか、などからその地層が堆積した場所のおおよその水深を知ることができる。化石生物が暮らした環境を知る手がかりになる。

このように、地層と化石をセットで調べることで、引き出すことができる情報が段違いで増える。そのため、地質調査を行ない、地層の重なりや地層を構成する堆積物の特徴を調べ、産状[*3]を記録しながら、化石を採集することが重要なのである。

地質調査で行なう作業は大きく分けて3つだ。1つめはルートマップの作成。2つめは地層の観察と地質図・地質柱状図の作成。3つめが化石・岩石サンプルの採集だ。これら3つの作業を簡単に説明する。

まずは、ルートマップの作成だ。

地層は川の流れにより侵食され、地表に露出するので、川沿いを歩けば地層を見つけることができる。ということで、川をザブザブ歩いて、歩いた軌跡を記録し、地層の特徴を書きこむためのベースの地図を作成する。

手法はアナログかつ単純で、まず自分が歩く方角を専用のコンパスで記録し、川の向きが変わるところか障害物があるところまでまっすぐ歩き、歩数を数える。そして、歩いた方角と歩数のとおりに紙に記録する。これを繰り返していけば、自分が歩いた道の軌跡が記されたルートマップの出来上がりだ。

川を歩いて地図を作っているのだから、ルートマップは当然川とほとんど同じ形になる。そして、国土地理院が発行している地図や、地質調査所の地質図には、もちろん川も描かれている。すでに地図があるなら、わざわざ自分で作らなくてもいいんじゃないかと思う

＊3　どのような状態で地層の中に化石が見えるか、地層の中からどのように化石が出ているかということ。具体的には、化石が地層の中で密集しているか、どのような向きで地層の中に埋まっているか、地層の中で化石の全体が揃っているか、など。

かもしれない。しかし、川の形は短時間で結構変わる。地図・地質図が古いものだと、そこに地層を書きこもうとしても、自分が歩いている川の形と地図の川の形が合わなくて、情報を正確に書き入れることができない。なので、ルートマップを自作することが必要なのである。

次に、地層の観察をし、地質図・地質柱状図を作成する。

実際に観察可能な地層の場所と、露出している地層の崖（露頭）のおおよその大きさを、作成したルートマップ上に描き入れることから始める。そして、それぞれの地層に番号を振る。この番号の振り方だが、川ごとに接頭記号や接頭番号を決め、その後に数字で番号をつける。例えば、古丹別（こたんべつ）川で一番最初に見た露頭は「KT001」、少し歩いて次に見つけた露頭は「KT003」という具合だ。

なんで「KT002」を飛ばしたのかって？　後で川の水量の変化により「KT001」と「KT003」の間に地層が現れる可能性があるからだ。ここまでの作業はルートマップ作りと同時に行なうことが多い。

露頭が描きこまれたルートマップができたら、地層を観察・計測し、それぞれの地層の特徴をマップに書き入れていく。地層を観察、計測する。まず基本事項として、地層を構成する堆積物の粒の粗さをチェックする。泥岩なのか、砂岩なのか。正確には粒度サンプルと比較する必要があるが、観察すべき地層はたくさんある。粒度をだいたい覚えておき、ルーペで確認してその場で判断することが多い。自信がない時は地層を少しだけサンプル袋に入れて持ち帰り、後で確認する。

他、あまりにも専門的な話になるので割愛するが、地層の傾き具合や傾き軸の方角（走向傾斜という）、波の影響を受けているかどうかや生き物が地層をかき乱しているかなどの堆積構造を調べ、ルートマップの余白や野帳に書きこむ。特に地層の走向傾斜というのは重要で、これがないとそれぞれの地層の重なり方、上下関係を知ることができない。

調査を終えて宿に戻ってから、地層を特徴ごとに色分けして塗った地質図作り、地層を古い方を下から順に縦に積み上げた地質柱状図を作成する。

ここまでやって、やっと化石・岩石サンプルの採集ができる。良い化石はノジュールと呼ばれる岩石の塊の中に保存されていることが多い。ノジュールとは「団塊」という意味で、「炭酸塩コンクリーション」ともいう。餅型、マッシュルーム型、もしくは不定形であることが多い。白亜紀の北海道の海で作られた地層中のコンクリーションは生物由来である可能性が高いとされている。死んだ生き物が堆積物の中で腐る過程で出る炭素と海水中のカルシウムイオンが化学反応をして、硬い炭酸カルシウムとなる。その時に、殻などがその反応の範囲内にあると、取りこまれてノジュール中で保存される。ノジュールを割ると、地層の圧密などを受けておらず、変形が少ない化石が出てくるのだ。まぁ、化学の話は難しいので、とにかく化石の元になる生物が腐る時に周りの岩石をカチカチに固める、ということで理解してほしい。

ノジュールは周りの地層よりも硬く、風化されにくいので、地層の中に埋まっているノジュールは、そこだけがボコッと出っ張った状態になっている。これを地層から抜き出して、表面や断面を観察し、中に化石が入っていないかを確認する。ハンマーを当ててパカッと割れたノジュールから化石が出てくる様子は、まさにタイムカプセルを開ける瞬間さながらである。ノジュールは一億年前の生き物を封じ込めた天然のタイムカプセルだ。化石を含んでいることを確認したら、新聞紙で包み、ガムテープで封をして、産出地点の地層の番号や採集日などを間違いなく記入する。

第2章

不思議の芽の発見―北海道でのフィールドワークと密集産状の謎

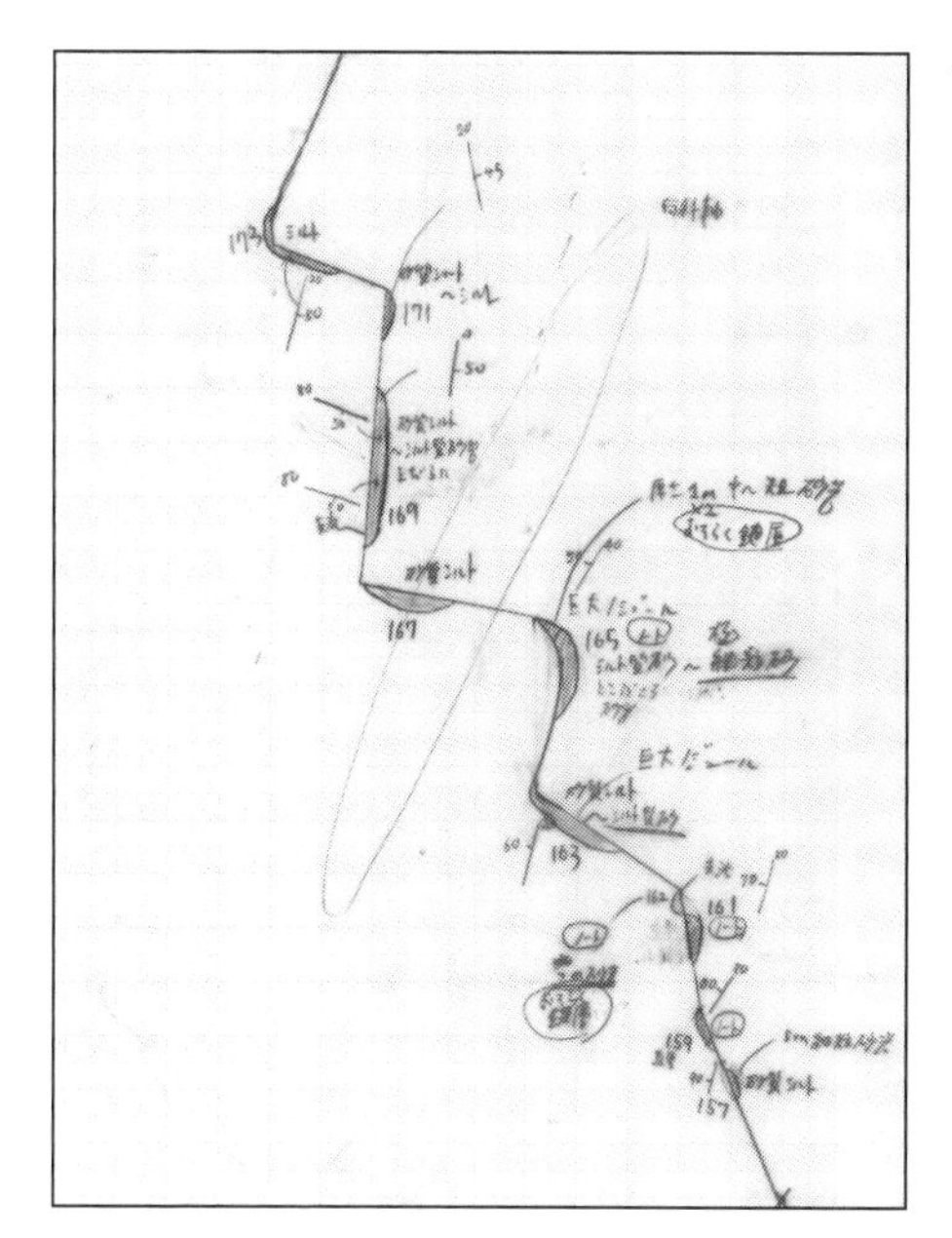

作成したルートマップ。

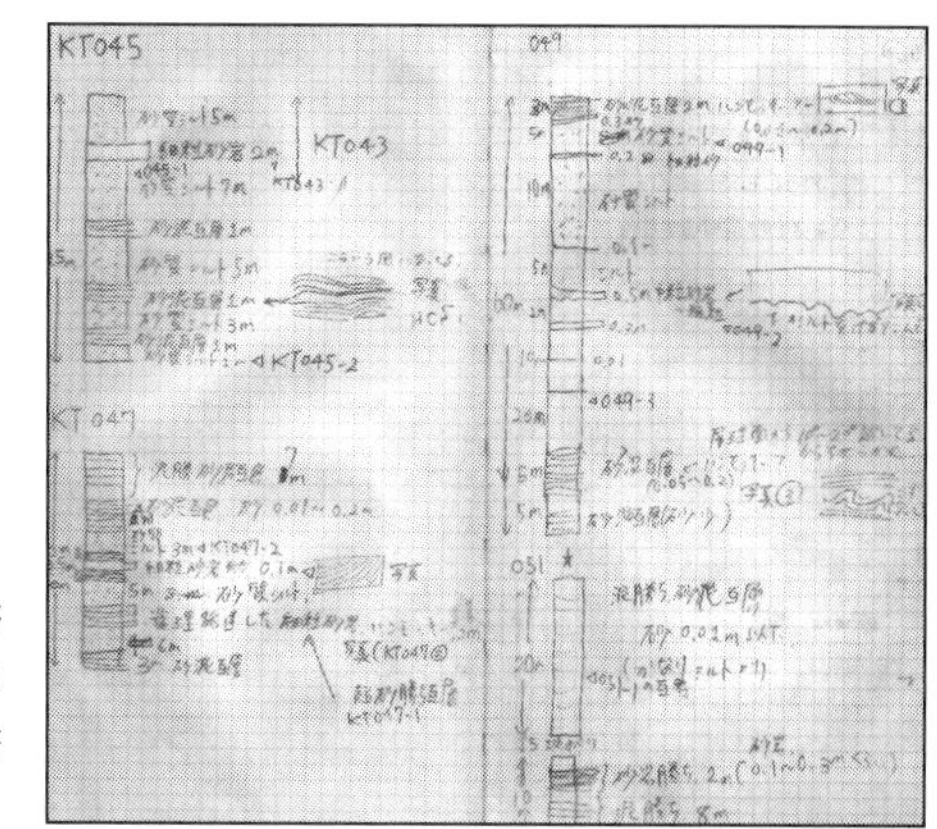

地層の特徴を記録した野帳。手描きの地質柱状図に計測結果や観察事項を書きこんでいる。

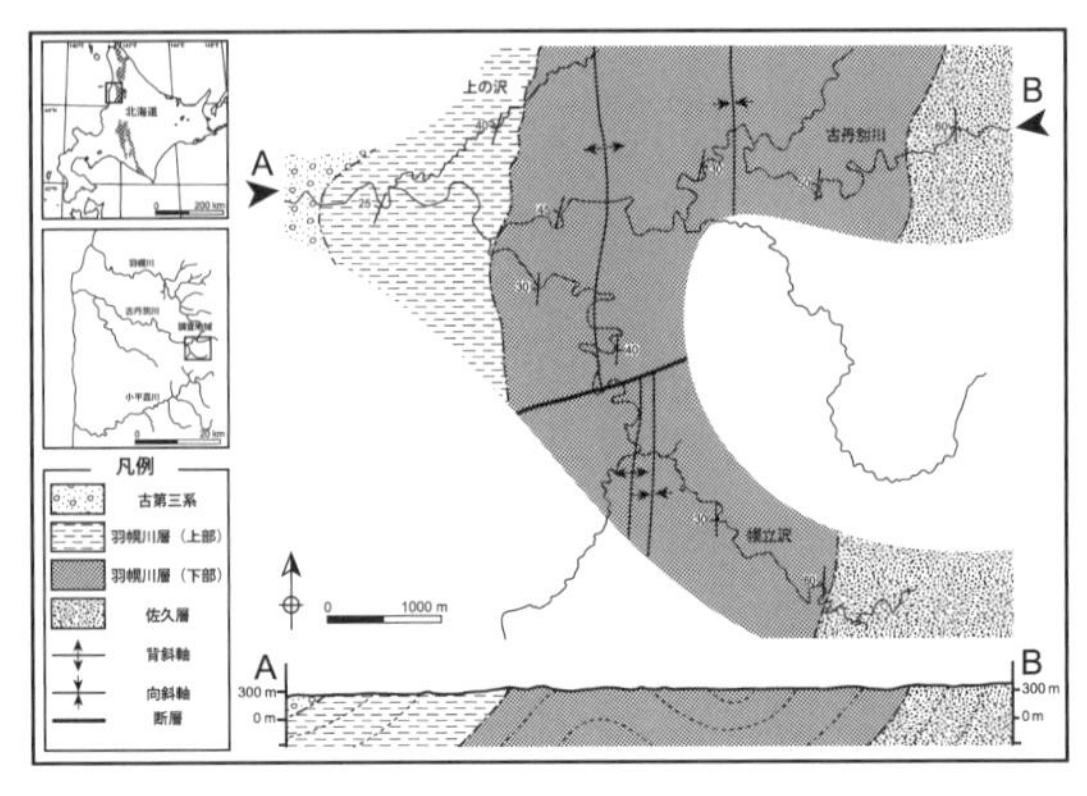

最終的に作成した地質図。地層が色分けして表現され、傾き軸や断面図などが示されている。

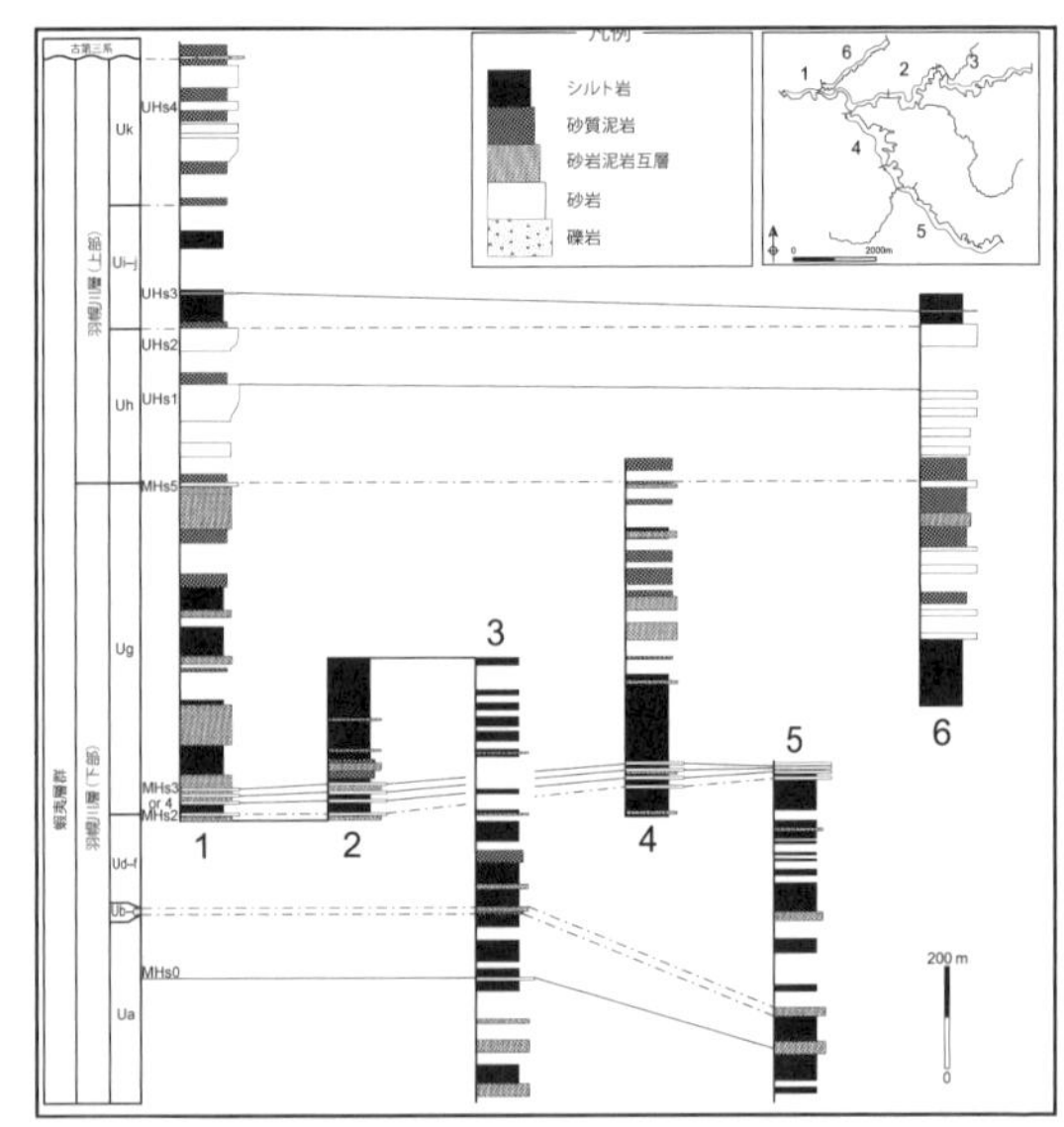

最終的に作成した地質柱状図。特徴的な地層（鍵層[➡60ページ]）により、各ルートの地層が対比されている。

第2章

不思議の芽の発見―北海道でのフィールドワークと密集産状の謎

地質調査の喜びと苦労

地層からノジュールを取り出し、中に化石が入っているか確認するために割ってみる作業は重労働だ。ノジュールが小さければいいが、中には直径が50㎝を超すような巨大なノジュールが地層にハマっていることがある。地層から引き抜くためにノジュールの周りの岩石を崩し、ツルハシのようなものを使ってテコの原理で引き抜く。まずこの作業が大変だし、掘り出した後に巨大な岩石を割るのも、それを持って帰るのも大変だ。

イソップ童話の「すっぱいブドウ」よろしく、巨大なノジュールを見つけた時には遠目から「きっとあれには化石なんて入っていな

野外調査中の著者。(撮影者:生野賢司)

い！　そうに違いない！」とか自分に言い聞かせて諦めようとするが、「……いや、でも一応見とくか」と近づいて見てみると、そんな石に限って表面に良さげなアンモナイトが顔を出していたりして、「うわー！」と歓喜と絶望の悲鳴を同時に発し、体に鞭打ってハンマーを振るうのである。

一日中こんな作業をするのだから、毎シーズン、調査はじめはひどい筋肉痛になる。次第に体が慣れていって、2ヶ月ほど調査をして大学に戻る頃には右腕だけがやけにマッチョになっていたり腹筋が割れていたりする。筋肉は裏切らない。

ノジュールを丸ごと持ち帰るのは大変なので、ハンマーで割って、良い化石が確実に入っている部分だけを持って帰り、入っていない部分を捨てていく方法もある。リュックサックと体力のキャパシティを考えると大変賢いが、後々無駄になってしまう可能性があっても、僕はできる限りノジュールを丸ごと持ち帰るように心がけている。一見何もないように見えるところにこそ、重要な情報が入っているかもしれないと考えるからだ。これについては、本を読み進めていただくと、どういうことか徐々にわかってくると思う。

また、化石の発掘と聞くと、有名なハリウッド映画の冒頭シーンのように、砂漠のような乾燥地帯で地面に寝そべり、ハケで砂を払ったりするイメージがあるかもしれない。そういう気候の外国での発掘ではそういう作業をする場合があるらしいが、温暖湿潤気候の日本で化石が採れる場所の多くは、川沿いなど、水の流れがあり、湿度が高く、木々が鬱(うっ)蒼(そう)と生い茂った場所だ。そういうところには蚊やブヨ、アブの大群がいる。まさにムシムシ王国(キングダム)だ。常にやつらにまとわりつかれながら、手元の耐水紙に自分が10m歩いたことを示す1cmの線を書く。はっきり言って地獄だ。常に動いていれば虫を追い払えるかもしれないが、短い線を正確に引くためには、じっとして、虫を無視しなくてはならない。耳元ではプゥンとうるさいし、手に止まって容赦無く刺してくる。山の中のあいつらは街にいるやつよりなんだかたくましくて凶暴な気がする。刺されると普通に痛いし、夜中にかゆくて目が覚めるし、かゆみもなかなか引かない。

調査を始めた頃はなんとかできないものかと、虫除けスプレーを振りまいたり、蚊取り線香をぶら下げたり、さまざまな対策を講じた。が、虫たちはそれらを全部無視した。結局いまだに効果的な対応策を見いだせていないが、今度、虫たちにとって人間よりも怖い存在であろうオニヤンマのブローチ「おにやんま君」を付けてみようと思っている。これが最後の希望だ。

他、調査には怪我も付きものだ。川底の珪藻に足を滑らせて転んで足首を挫いたり、岩石の鋭利な破片で手を切ってしまったり、自分の手をハンマーで間違えて叩(たた)いてしまったり……。それから、どんなに気を遣っていても、夕方にはいつも全身泥だらけだ。

このように、地質調査と化石発掘はイメージよりも地味だし、肉体的に大変だし、ストレスフルである。虫以外の野生動物も怖い。「きつい」「汚い」「危険」の、いわゆる3K労働である。そんな3Kの地質調査だが、やりがいはある。

地層と地層がつながった瞬間はなんとも言い表せない快感がある。特徴的な「鍵層」[*4]をもとに離れた地域同士の地層を対比すると、露頭の上に線でしか見えていなかった白亜紀の地層は、巨大な海底面の重なりとして目の前に現れるのだ。太古の世界を空間として感じられるのは地質調査の醍醐(だいご)味ではないだろうか。

また、研究にとって重要な化石、目当てだった種類の化石が見つかると、疲れは一気に吹き飛ぶ。ノジュールを割って、ぐるっと巻いたアンモナイトがゴロンと出てくる感触は病みつきだ。1日調査をして、サンプルでパンパンになり、ズッッッッシリ重くなったリュックサックは幸せの証である。帰り道は背中にのしかかる石の重みで成果を実感し、宿で出てくる晩ご飯を妄想しながら、腰を屈めて来た道を戻るのである。

なお、地質調査の手順は、先ほど説明したものが基本であるが、最近はスマホのＧＰＳアプリを使用することも多い。化石の産出地点の座標をピンポイントで機械に記録するので楽チンだ。しかし、例えば地層の大きさを地図上に記録するにはＧＰＳだけでは不十分だし限界があるので、紙での記録と併用することがほとんどだ。ただ、ＧＰＳアプリでは産出記録を一枚の地図の上に蓄積することができ、また先行研究の化石の産出情報なども地図に記録してから、そこを目的地にして調査に向かうことなどもできるので大変便利だ。調査に時間をかけられない時は、地質調査を省略して、化石だけを採集してＧＰＳで記録し、後で地質図と照らし合わせることもある。

僕は機械音痴だが、可能な限り文明の力を借りて楽をしたい。だって平成生まれのゆとり世代だもの。

ちなみに、こどもの頃、化石を発掘したい！　と思ったことは一度もなかったが、フィー

＊4　離れた地層を対比し、連続性を判断する際に役立つ特徴的な層のこと。例えば、火山の噴火により噴出された火山灰は広域に降り注ぎ、さらに噴火ごとに噴出物の成分が異なるため、火山灰などの火山噴出物が固まってできた凝灰岩は重要な鍵層となる。

ルドワークに実は憧れていたということを、地質調査をしていて気がついた。これは、ゲーム『ポケットモンスター』シリーズの影響である。ゲームの内容は、博士のお手伝いのために旅をしながら、各地を調査し、ポケモンという不思議な生き物を捕まえて図鑑を完成させるというものである。最初のシリーズは、ゲームボーイのソフトとして発売され、僕は小学校2年生の時に初めてプレイした。ゲームボーイの画面はモノクロだが、画面の奥にはまるで広い草原が広がっているように見え、その世界を探索することに夢中になった。

新しい発見を求めて、泥だらけになりながら沢を上って探索し、岩石の隙間からさまざまな形をしたアンモナイトが次々と目の前に現れる地質・化石調査のフィールドワークは、あの頃に夢中になった「ポケモン」のワクワク感そのものだった。「こどもの頃ゲームの中でしか体験できなかったことを今実際にやっている。これこれ、これだよやりたかったのは」と、充実感でいっぱいになり、現実世界でのフィールドワークにもすっかり夢中になってしまったのである。

「不思議の芽」の発見

調査をしているある日、やたらと大きなノジュールがたくさんはまっている地層にあたった。例により、うれしいんだか、うんざりしてるんだか、自分でもよくわからない気持ちでノジュールの掘り出し作業を開始する。

泥岩質の地層は緻密で硬く、ノジュールの周りの岩石を数時間かけて掘り、ひとつで30kg以上はあるであろうノジュールをやっと取り出した。この時点でもうヘトヘトだが、これからこれを背負って車まで運ばなくてはいけない。あまりにも大きいのでそのままリュックサックに入れることはできず、その場で分割し、小さいパーツに分けて、少しずつ車まで運ぶ作戦をとることにした。両手持ちの「バカハン」を思いっきり振りかぶり、ノジュールを叩いた。

何度かハンマーを当てると、ノジュールが割れた。割れたところをすかさず覗（のぞ）きこむと、ノジュールの割れ目から10㎝ほどの大きさのアンモナイトの一部が見えた。テトラゴニテス・グラブルス（*Tetragonites glabrus*）だ。テトラゴニテスは「テトラゴン（四角形）」の名前のとおり、やや角ばった殻が特徴的なアンモナイトである。それほど珍しい種類ではなく、それまでの調査でもいくつか採集していた。

よし、このテトラゴニテスを割らないように、もう少しノジュールを叩いてさらに細かいパーツに分けよう。

今度は片手持ちのハンマーでさらにノジュールを割ってみた。また別の個体のテトラゴニテスが出た。しかもまた10㎝くらいの大きさ。さらに割ってみる。また、テトラゴニテスが出た。……合計10個以上も入っていた。

なんでこのノジュールからは、テトラゴニテスばかりがこんなに出るんだろう？　そして、なんでみんな同じような大きさなんだろう？　不思議だなぁ。

これが、僕にとって野外調査での初めての「不思議だなぁ」だった。かなり小さくなり、運びやすくなったノジュールを新聞紙で包み、地層の番号と日付を書いてリュックサックに放りこんだ。鬱蒼（うっそう）と茂った林の中、すでに辺りは薄暗くなっていた。

化石を採集していた場所は、車を停めていた場所から割と近くだったので、何往復かして無事に車に積み込むことができた。地層にはまだ掘り出していないノジュールが見える。これらの中にも同じように化石が入っている可能性があるが、今日はもう遅いので、残りの発掘作業は明日にして、宿に戻ることにした。

宿へ戻りその日の調査の成果をまとめながら、かなりの個体数が採れたテトラゴニテスのことを考えていた。

「同じくらいの大きさの殻が1か所から出てくる」という状況はどんなことを示しているのだろうか。

アイディアはすぐに頭に浮かんだ。

「もしかして、このテトラゴニテスは集団で生きていた、つまり群れを作っていたのではないか?」

1億年前の海中に、たくさんのテトラゴニテスが泳いでいる光景を思い浮かべ、鼻息が荒くなった。もしかしたら、まだ知られていないアンモナイトの生態を示す、すごくおもしろい発見をしてしまったかもしれない。


次の日、前日に採りきれなかったノジュールを回収すべく、同じ場所に向かった。結局、その地層にハマっていた別のノジュールからも同じように10cmほどのテトラゴニテスがたくさん

テトラゴニテス・グラブルスがノジュール中に密集している様子。(所蔵:三笠市立博物館)

出てきた。その地層から、目に見えているノジュールはすべて回収したので、過去にテトラゴニテスが産出した記録がある地層を改めて周回してみることにした。そういう目で探してみると結構見つかるもので、その年の調査では、合計200個くらいのテトラゴニテスが得られた。網がはり裂けんばかりの大漁である。実際にリュックは裂けた。

大量のテトラゴニテスと裂けたリュックを前に僕は決心した。

「よし、来年からはテトラゴニテスの密集産状の古生態学的な意義を研究するぞ!」

化石の産状から古生態を復元することの難しさ

9月半ば、調査を終えて大学に戻った。研究の手がかりをつかんだからなのか、筋肉を得たからなのかわからないが、和田坂を上る足取りは妙に軽かった。

研究室に着いてから、和仁先生に調査の報告をした。テトラゴニテスの密集化石がたくさん採れたこと、僕の見立てでは、これはアンモナイトの群れ習性を示しているんだということ。

僕としては「大発見」だったので、「でかした! ぜひそれを研究しなさい!」みたいな反応を待っていたのだが、先生の反応はいまいちだった。

今考えると無理はない。目的とは違う種類を必死に集め、いきなり群れだなんだと説明する僕の報告を聞いて、まずは「こいつは研究テーマそっちのけで何やってたんだ」と先生は思ったことだろう。

たしか、先生はその時、「そうかもしれないけど、立証するのは結構難しいかもしれない」ということを言った。

その理由は、アンモナイトの殻構造とそこから想像される生態にある。アンモナイトの殻の中の隔壁で仕切られている部分には、ガスが入っていたと考えられている。そして殻の中にガスが入っているとどうなるか。ご想像のとおり、水の中で浮くのである。ちなみに現生オウムガイは同じ構造の殻をもっており、自分の体と殻の重さを足した重力と、空気の軽さによる浮力のバランスをとり、海の中で中性浮力[*5]の状態にあり、海の中を自在に泳ぐことができる。

海底で生きている生き物、例えば二枚貝や巻貝なら、運が良ければ死後まったく流され

＊5 水中で浮きも沈みもせず、バランス良く同じ深さを保ってホバリングしている状態のこと。ちなみに、スキューバダイビングでは必須スキルとのこと。

ることなく、生息していた場所でそのまま化石になるかもしれない。しかし、アンモナイトは、上述のような殻の構造をもっていることから、海底にへばりついて生きていたのではなく、程度はどうあれ、泳ぐ生物であったと考えられている。死んだら、泳いでいた場所から海底に沈み、それから化石になる。もしも海底に沈む前に体が腐って抜け落ち、空気でいっぱいの殻だけになったら海上までプカーと浮き、しばらく海面を漂流してから沈んで化石になったことだってあったかもしれない。現生のオウムガイでも、死んだ殻が海面を漂流して、元々の生息域であるフィリピンから遠く離れた日本の海岸に漂着したケースも知られている。

したがって、海の中を泳ぎ、しかも空気の詰まった殻をもっていたアンモナイトが死んでから化石になるまでの間にはさまざまなことが起きたはずで、厳密な意味で生きていたその場で地層に埋もれて化石になるということはあり得ない。死んでからどんなに最短のプロセスで化石になったとしても、実際に生きていた場所から少なからず動いており、生前の行動がそのまま100%化石には保存されないと考えるのが普通である。なので、群れ行動がどれだけダイレクトに化石産状として保存されるのか、そもそもその評価が難しい。

生き物が死んでから化石になる過程に何が起きたのかを明らかにする学問を「タフォノミー」という。アンモナイトとオウムガイの例でわかったと思うが、直接生きているすがたを見ることができない古生物の生態（生息域や生息姿勢）を復元する上では、化石化過程を考えること（＝タフォノミー）を避けては通れないのである。

アンモナイトの化石産状と生態を結びつけることの難しさがわかったと思う。ちなみに、アンモナイトの専門書を改めて読んでみると、いくつかの書籍で「テトラゴニテスはよく密集して化石になっている」というような記述がある。大発見だと思ったけど、産状自体は、先人たちはすでに気づいていた。そして、その産状から古生態を復元するのが難しいために、ほとんど前例研究がない。研究テーマとして追究するのは無謀か……と、弱気になってしまった。

数日後、先生はあるポストカードを見せてくれた。ポストカードに描かれていたのは、おびただしい数の同じ種類のアンモナイトが同じ方向に泳いでいる「群れ」のイラストだった。先生は、「相場くんと同じようにアンモナイトの群れを想像する人が他にもいるんだね」というようなことを言った。なんだか、少しだけ救われた気がした。

結局、博士課程ではテトラゴニテスの密集産状のタフォノミー・古生態学意義を研究することにした。先人が誰も解決することができなかった謎への挑戦は無謀かもしれない。それでも、僕は「わからない」ということ自体にワクワクし、解明するためにはどんな努力だってやってみせる、というやる気にあふれていた。

秋から冬にかけて、研究助成金に2つ応募した。坂田さんやロバートさんが研究助成は積極的に応募すると良いと言っていたので、その助言にしたがったのだが、出してみてその理由がひとつわかった。助成金の申請にあたり、研究の課題や必要な作業などが明確になり、研究計画がより具体的なものになったのだ。

いずれも、テトラゴニテスが研究対象の中心であるが、アプローチが異なる。

ひとつは北海道で見つかるアンモナイトは生息域近くで化石化したものか、そうではないのかを評価するために、殻の破損程度や軟体部の中にある摂食部位「顎器」を伴っているかを調べるという内容。顎器の化石が一緒に出てくれれば、腐りやすい軟体部と殻が離ればなれにならずに、死んだ後比較的短期間で堆積物に埋没したことを示す。つまり、元々の生息域からはあまり流されずに化石になったものである可能性が高い。また併せて、他種のアンモナイトの密集産状も比較対象として調べることにした。これは、同サイズの殻ばかりが密集しているというテトラゴニテスの産状の特殊性を客観的に評価するためである。

もうひとつは、あらゆる成長段階のテトラゴニテスの殻形態を詳しく理解しようという内容だ。というのも、密集産状の化石が得られた時代には、テトラゴニテス・グラブルス（*Tetragonites glabrus*）以外にも、少なくとも2種、ポペテンシス種（*T. popetensis*）、ミニマス種（*T. minimus*）が共存していたことがわかっている。僕が見つけた密集産状が、グラブルス種だけから構成されたものなのか、あるいは他2種が混在しているかにより古生態の解釈が大きく変わってくる。テトラゴニテスは殻の形や表面装飾が割と単純な方なので、特に幼殻だと見分けるのがかなり難しいが、生き様を明らかにしたいのなら、まずはそれらを厳密に見分けられるようになる必要がある。

年明けに結果が出た。なんと、どちらの研究課題も採用された。挑戦を応援してくれているように感じ、このテーマで研究を進めていくことに、かなり自信がついた。とりあえず、裂けてしまったリュックを買い換えよう。今度は、もっとたくさんの化石を運べる大きめのものを。

テトラゴニテスが密集するナゾは解けるか？

2014年4月。博士課程に進学した。内部進学なので入学式にわざわざ行く必要もないのだが、一応節目として行くことにした。関内の横浜文化体育館で行なわれた入学式の空気を少し吸って、ラーメン二郎をすすって、研究室に行った。

博士課程から、僕はテトラゴニテスの密集産状をメインテーマに据えて研究を開始した。同じような大きさの殻ばかりが密集するテトラゴニテスの産状は、実際のところ特殊なものなのか、そうでないのか。客観的に評価するために、他の種類のアンモナイトで密集している産状を採集し、サイズ分布や殻の保存状態をテトラゴニテスのそれと比較することにした。

先生の助言や『アンモナイト学』の記述によると、数字の9に近い形をした異常巻きアンモナイト「エゾイテス（*Yezoites*）」や、「デスモセラス（*Desmoceras*）」、「トラゴデスモセロイデス（*Tragodesmoceroides*）」、「ダメシテス（*Damesites*）」、「メソプゾシア（*Mesopuzosia*）」などが密集することがあるらしい。また、『アンモナイト学』には、それぞれの種類により密集の特性はさまざまであり、例えば「トラゴデスモセロイデス（*Tragodesmoceroides*）」は大小さまざまな個体が密集するとの説明がある。

しかし、やはり自分の目で確かめてみたい。これらのアンモナイトが産出する可能性のある産地をめぐることにした。

長めに、そして二度にわけて野外調査を行なうことにし、6月には北海道入りした。これまで調査を行なった古丹別地域に加えて、達布（たっぷ）地域、中川（なかがわ）地域などでも調査を行なった。この年の調査では、トラゴデスモセロイデス、エゾイテス、ダメシテス、それから最初に密集産状を見つけたテトラゴニテス・グラブルスとは別の種類のテトラゴニテス・ポペテンシスが密集したノジュールを得ることができた。また、先生は、大昔に採集したというデスモセラスが密集したノジュールを提供してくれた。

調査から戻ってきてから、これらのノジュールから化石を取り出してみた。クリーニング作業とは、化石から、周りについている余計な岩石をはずす作業だ。先がとがった金属製のドリルのような「タガネ」と小さなトンカチを使って岩を砕いたり、圧縮空気により先端が高速振動するエアチゼルで岩石を少しずつ砕く。小さい個体まで壊さずに取り出すいった。

のはかなり根気のいる作業であり、ひとつのノジュールを何日もかけてじっくり砕いて

デスモセラス、ダメシテス、テトラゴニテス・ポペテンシスを岩石から取り出し、これらの密集特性を調べてみると、いずれもさまざまな大きさの個体が密集していることがわかった。これらに比べると、同じ大きさの個体ばかりが密集したテトラゴニテス・グラブルスの産状は、やはり特殊なもののようだ。

また、特にダメシテスやデスモセラスの殻は住房部分が破損しているものが多く、一方のテトラゴニテス・グラブルスやテトラゴニテス・ポペテンシスは破損が少なく、住房までよく保存されている傾向にあることがわかった。住房が破損しているものは、死んでから殻が流され、その最中に壊れたことが考えられる。

また、テトラゴニテス・グラブルスの密集産状についても、さらに詳しく調べてわかったことがあった。まず、ノジュール中に保存されているアンモナイト化石を、テトラゴニテス以外も可能な限り取り出してみた。その結果、テトラゴニテス以外の種類の殻サイズにはこれといった傾向はなく、テトラゴニテスとは違ってさまざまなサイズの殻が含まれることがわかった。

第2章

不思議の芽の発見—北海道でのフィールドワークと密集産状の謎

これは非常に重要な知見である。

同じような大きさの殻の密集が、アンモナイト自身の生態に由来するものではなく海中の水流の作用により無機的に集積されたものであると仮定する。というのも、同じ大きさの殻の流されやすさはおそらく同程度であろうし、大きさの違いにより流されるか流されないかの選別を受ける可能性は十分に考えられる。そして、この場合の選別には種類は関係なく、さまざまな種類の同じような大きさの殻ばかりが集まるはずである。

しかし、実際はそうなっておらず、テトラゴニテス以外の殻サイズはランダムだ。そうなると、テトラゴニテスの同サイズ密集は、水流の影響により同じサイズの殻が無機的に集積したものであるという仮説は正しくなく、化石（になる前の生物）自身に原因があったと考えるべきである。

そして、もうひとつわかったことがある。実は、ノジュール中に密集している個体の大きさは2種類あったのだ。

具体的には、ハンバーガーサイズ（10㎝くらい）の個体の他に、おはじきサイズ（2、3㎝くらい）の個体もそれなりの数入っていることがわかった。野外でノジュールを割った時には何も入っていないように見えた部分を、研究室で注意深く砕いてみると小さいものが出てきたのだ。少し苦労して、砕いたかけらをすべて持ち帰ったことは無駄にはならなかった。

さらに不思議なことに、その中間サイズの個体はまったくと言っていいほど含まれていないのだ。10㎝くらいの大きさだけなら、この時代のだいたい最大サイズなので、成熟殻だけが密集していると考えたが、小さい殻もあるとその説明が通用しない。また、密集産状にかかわらず、採集した化石全体を見てみても、中間サイズは極端に少ない。中間サイズの個体はどこに行ったのか？

わかったことも多いが、密集産状の謎はますます深まってしまった。


実を言うと、本書を執筆している2022年時点で、テトラゴニテスの密集産状に関する研究はまだ決着をつけることができていない。はじめに先生が指摘したとおり、やはり結構難しかった。

密集している小型殻と大型殻がオスとメスのペアである可能性なども考えた。そのためには、それぞれの大きさで成熟を確認して「二型（にけい）」であることを実証する必要がある。仮説を学会で発表したりしたものの、誰もが疑うことのない確実に成熟であると言える根拠をなかなか見つけることができず、論文化には至っていない。早めに何かしらの結論を出したいが、人生の課題になってしまう予感だ。

ここまで書いておきながら、この本で研究の行く末をお見せすることができず申し訳ない。今後の研究の進展をどうか長い目で見守っていてほしい。

小さなおとなのアンモナイト「テトラゴニテス・ミニマス」の二型

テトラゴニテス・グラブルスの研究こそ、まだ決着をつけられてはいないが、研究を進める中で、たくさんの副産物が得られた。この節で紹介するのがそのひとつだ。

これまで度々参照してきた僕の愛読書『アンモナイト学』の著者、重田康成（しげたやすなり）先生は国立科学博物館に在籍しているアンモナイト研究者で、日本国内だけでなく、ロシア、アラスカ、ベトナムなどの白亜紀と三畳紀の地層を調査し、多くのアンモナイトを記載[*6]している古生物学者だ。

重田先生が1989年に発表した初めての単著論文は、テトラゴニテスの分類に関するもので、2種のテトラゴニテスの新種が記載されている。そのうちのひとつが、小型種テトラゴニテス・ミニマスで、成体でも1〜3㎝ほどの大きさのかわいいアンモナイトだ。いや小さくてもおとなので、かわいいと言ったら失礼か。

慣れるまでは、テトラゴニテス・グラブルスと見分けるのがなかなか難しかったりするが、明確に異なっているポイントがいくつかあり、一度認識できるとちゃんと区別することができる。重田先生曰く、ミニマスとグラブルスは、形態も祖先も進化の歴史もまったく異なるアンモナイトとのこと。

テトラゴニテス・グラブルスの密集産状を解析するにあたり、ノジュールに含まれている小型個体がミニマスなのか、グラブルスの未成年殻なのかで考察が大きく変わってくる。そのため、採集したテトラゴニテスの殻形態の成長変化を調べながら、東京大学総合研究博物館に保管されているテトラゴニテス各種のタイプ標本[*7]を自分の標本と比べ、確実に見分けることができるように訓練した。

結果、グラブルスとミニマスの特徴の違いを理解し、どんな成長段階にある個体でも2種を見分けることができるようになった。そして、採集した化石のうち小型のグラブルスと思っていた中に、いくつかミニマスが混じっていたことがわかった。

グラブルスの密集産状の研究の方では、認識できたミニマスを取り除いて、グラブルスであることが確実な標本だけで密集産状についての考察を行なっていたのだが、研究を進めていくと、ミニマスとしてはじかれた化石もそれなりの個体数になってきて、こちらにもだんだんと愛着が出てきた。ミニマスは、とても小さいのに妙に形が整っていてなんかかわいい。たぶん他の人に見せても、ミニマスが他の小さなアンモナイトの幼殻と、どう違って、どうかわいいのかわかってもらえる自信がないが、とにかくなんだかかわいいのである。

＊6 記載とは一般的に「書き記すこと」であるが、生物学（古生物学）における記載とは、ある生物（古生物）の形の特徴や性質を言語と写真、図を用いて記述することである。これまでに報告されたことのない種であった場合は、論文中で新しい学名を提唱し、新種として報告する。

＊7 その生物種を定義する根拠となる標本のこと。タイプ標本の中でもっともその種の特徴をよく表し、代表となるひとつの標本を「ホロタイプ」という。記載時に用いられたホロタイプ以外の標本で、特徴を観察するための補助的な標本を「パラタイプ」という。種を同定する場合、究極的には、ホロタイプと同じ特徴を示す個体のみ同種と判断されるので、ホロタイプは分類上、もっとも重要な標本である。また、なんらかの理由で原記載時にホロタイプが指定されていなかったり、記載後にホロタイプが行方不明になった場合、新たに指定される「レクトタイプ」など、タイプ標本にはいくつか種類が存在する。

ミニマスをよく観察すると、成年殻だけに現れ、成長停止を示す特徴が結構な確率で確認できることがわかった。〝成年殻だけに現れる成長停止を示す特徴〟とは、〝mature modification〟とも呼ばれる。具体的には、殻の縁がわずかにくびれたり、殻の一部だけが伸びたり（ラペットやロストラムと呼ばれる）、最後に作られた隔壁の厚みが増したり、前の隔壁との間隔が狭くなったりする、巻きが解ける、などがある。これらの特徴が現れた後に成長を続ける個体がいないので、アンモナイトの成熟を示すものとして認識されている。ミニマスの場合は、殻の縁の肥厚化とくびれや隔壁の肥厚化、間隔の狭まりなどの成年殻を示す

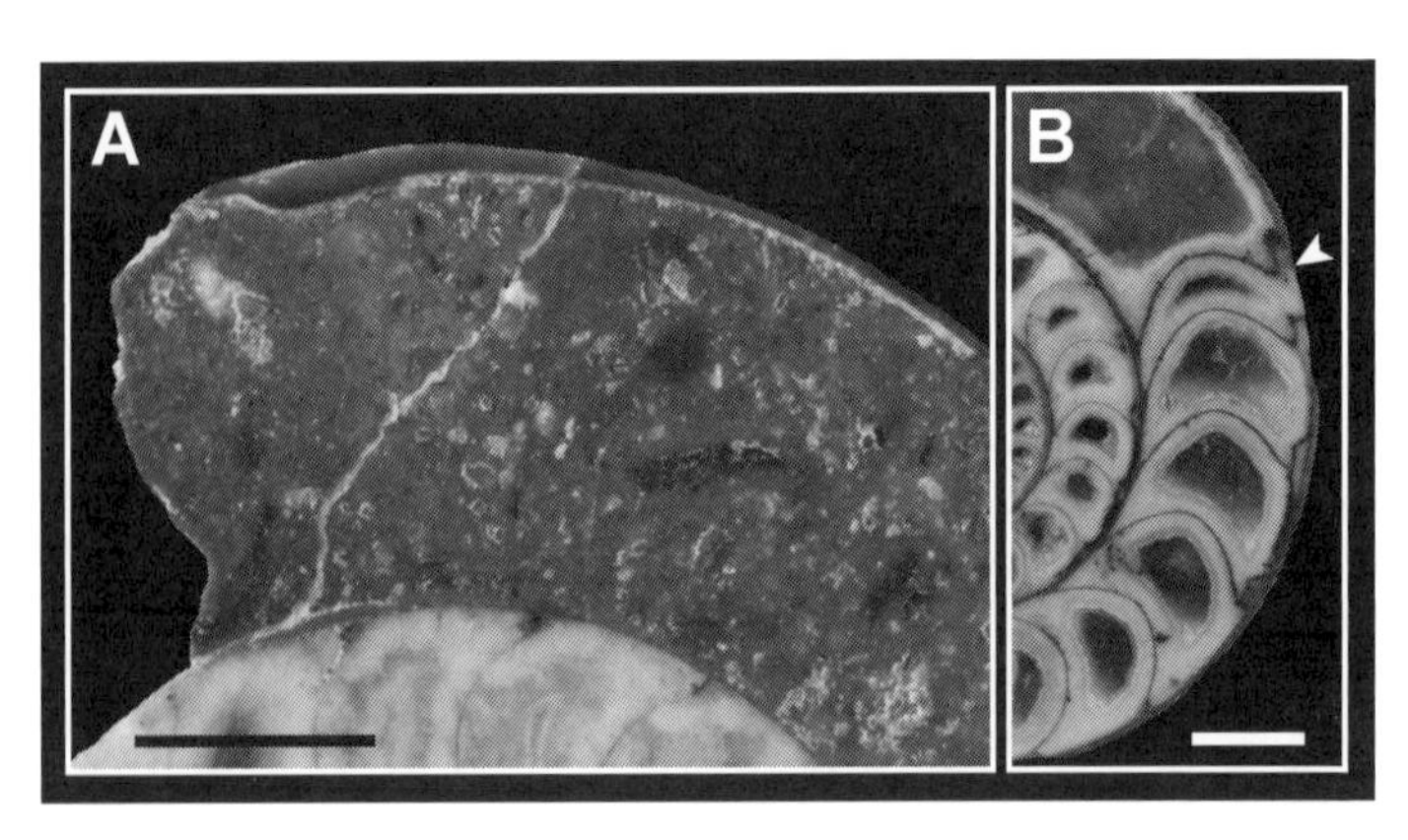

テトラゴニテス・ミニマスで観察された、成年殻だけに現れる成長停止を示す特徴の例。A. 殻の縁が急に厚くなっている、B. 最終隔壁の厚みが増し、その前の隔壁との間隔が狭まっている。スケールバーは2mm。（所蔵：三笠市立博物館）

特徴が見られた。そして、「おとな」のミニマスの殻サイズを計測してみると、その大きさは2種類あることがわかった。これが意味するところは何か。

アンモナイトには、同種の中に成熟時の殻サイズや形が違うものがある場合があり、それらを二型と言い、大きい方の殻をマクロコンク、小さい方の殻をミクロコンクと言う。現在生きている頭足類はすべてが雌雄異体[*8]であり、アンモナイトも雌雄異体であると考えられている。そして、産出時代が同じであり、こどもの頃には形の差が小さいが成長すると差が大きくなるミクロコンクとマクロコンクはオスとメスのペアである可能性が高いと考えられている。なお、小さい方がオスで、大きい方がメスであるとされることが多いが、決定的な根拠はまだ見つかっていない。アンモナイトの二型は、はじめにヨーロッパのジュラ紀の種類で研究が進められたが、その後各時代のいろんな種類のアンモナイトで二型が確認された。北海道のアンモナイトでも二型が研究されていて、別の種類と思われていた

＊8　オスの生殖器官を持つ個体とメスの生殖器官を持つ個体が分かれていること。本文にあるとおり、軟体動物の中では、イカやタコなどの頭足類はすべて雌雄異体であるが、巻貝や二枚貝には、オスの生殖器官とメスの生殖器官を1個体に持つ「雌雄同体」の種類もいる。

アンモナイトが実は同種のミクロコンク・マクロコンクのペアであったことが後から判明したというケースもある。

テトラゴニテス・ミニマスの「2種類のおとな」は、オスとメスのペア、ミクロコンクとマクロコンクだった。こんな小さなアンモナイトにもオスとメスがあり、成熟してその一生涯を全うし、そしてその人生（アンモナイト生？）の記録を殻の中にすべて残しているとは、なんて愛おしい。なお、テトラゴニテスの二型現象は世界でまだ報告されていなかった。

ミニマスの二型の特徴をまとめると以下のとおりだ。大きさは、もっとも個体数が集まったサントニアン期（およそ8630万年前〜8360万年前）のもので、マクロコンクが直径1・7㎝ほど、ミクロコンクは1・2㎝ほどである。元々小さなアンモナイトなので

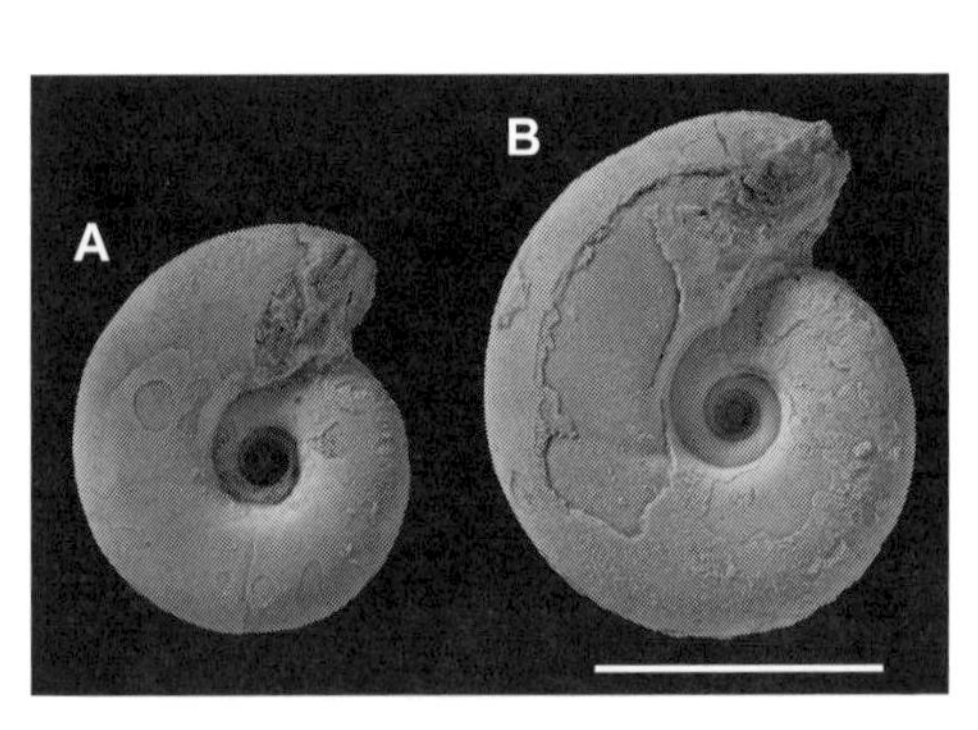

テトラゴニテス・ミニマスのミクロコンク（A）とマクロコンク（B）。スケールバーは1cm。（所蔵：三笠市立博物館）

差はわずかだが、比率で見ると、マクロコンクはミクロコンクより1・4倍ほど大きいことになる。他の時代の個体の大きさも調べると、時代を経るごとにオスもメスも殻が小さく、そしてサイズ差も小さくなることもわかった。個体数に注目すると、マクロコンクの個体数の方がミクロコンクに比べてやや多かった。過去の研究例を見ると、アンモナイトだけでなく現生オウムガイも雌雄の個体数差がある場合があるらしい。

冒頭で記述したように、成年殻を示す特徴をもつ個体がやけに多い。数値で表すと全体の80%以上にもなり、ほとんどが成熟している個体ということになる。成熟の特徴が現れていない残りの20%弱も、サイズで見ると1cm未満のものがまったく含まれていないので、成熟が近い個体であるということがわかる。北海道の白亜紀アンモナイトの殻サイズ分布をいろいろ調べたが、これほどまで成熟した個体ばかりが見つかる種類は珍しい。

なぜ、ミニマスは、成熟したおとな個体もしくは成熟が近い個体ばかりが出現するのだろうか。そして、なぜ未成熟のこども個体は出現しないのだろうか。

例によって、タフォノミーの視点から検討してみた。74ページでも話題にしているが、アンモナイトが死んだ後に、殻が海面を漂流したり海底を砂や泥と共に流されたりしたら、その過程で少なからず殻が壊れると考えられている。特に住房は壊れやすいので住房の殻の保存状態に注目した。

ミニマスの住房は、ほとんど無傷であり、欠けがないことがわかった。これも他の種類のアンモナイトと比べて、異常なほど保存状態が良い。しかも、他の種類では多くの場合住房部分は砂や泥の堆積物で埋まっているが、ミニマスは違った。およそ3分の1の個体では住房の奥まで堆積物が入りこんでおらず、この部分は代わりに方解石という鉱物が埋めている。

この部分が空洞で偶然堆積物が入らなかった可能性もあるが、何か別のものが入っていたために堆積物が入りきらなかったことも考えられる。その「何か別のもの」とは何か。それは完全に腐らなかった軟体部かもしれない。これはまったくもって夢物語ではない。世界では実際に、同じように堆積物が入りこんでいないアンモナイトの住房から、軟体部の痕跡、具体的に言うと胃などの内臓が発見されているのである。そして、軟体部が入っていたということは、それが腐りきる前に堆積物に埋もれて分解から免れて化石になった可能性が考えられる。つまり、死んだ後にそこまで長時間流されたり海底に放置されたりしていないということであり、生息域近くの海底ですぐに化石になった可能性が高い。

このように、僕は、おとなのミニマス集団は元々の生息域からほとんど流されていないものと判断した。

一方で、こども個体はなぜ出ないのか？ 小さい殻ほど化石に残りにくいという考え方がある。これはある意味で当然である。小さい個体の殻は薄いので、環境によっては長時間海水にさらされると溶けてしまう可能性が考えられる。では、ミニマスの1cm未満の小さな個体が出ない理由をそれで説明できるかというと怪しい。なぜなら、他の種類は1cm未満の個体が普通に見つかるからだ。他のアンモナイトは海中で溶けないのに、ミニマスだけが溶けてなくなってしまったとは考えにくい。

また、他には小さい化石ほど流されやすく、元々死んだ時はそこにあったのに小さいものだけがわずかな底流で流されてしまったというケースも考えられる。しかし、やっぱりこれもうまく説明がつかない。なぜ他の小さな個体は流されずに見つかるのかという疑問が生じるし、ミクロコンクのおとな個体が見つかるのなら、同じ大きさのマクロコンクのこども個体も見つかるはずである。しかし、実際には、ミクロコンクの成体と同じ大きさのマクロコンクのこども個体は見つからない。やっぱり殻のサイズだけでは説明ができないのである。

このように、こどもがほぼ出現せず、おとなばかりが出現する傾向をもたらした原因について、考えられることをひとつひとつ検討し、棄却していった結果、最後に残った結論はもっともシンプルで、「はじめから、その場所にこどもはいなかった」ということである。こどもとおとなの生息場所がそもそも異なっていて、こども時代は別の場所に生息していたために、その場所から化石として出現しないとすると、おとなばかりが見つかる産状を説明することができる。実際に、イカなどには、成長の中で移動するものが知られているので、アンモナイトが同じような生態を有していた可能性は十分にありうる。さらに考えを膨らませると、おとなが集まるということには、繁殖行動

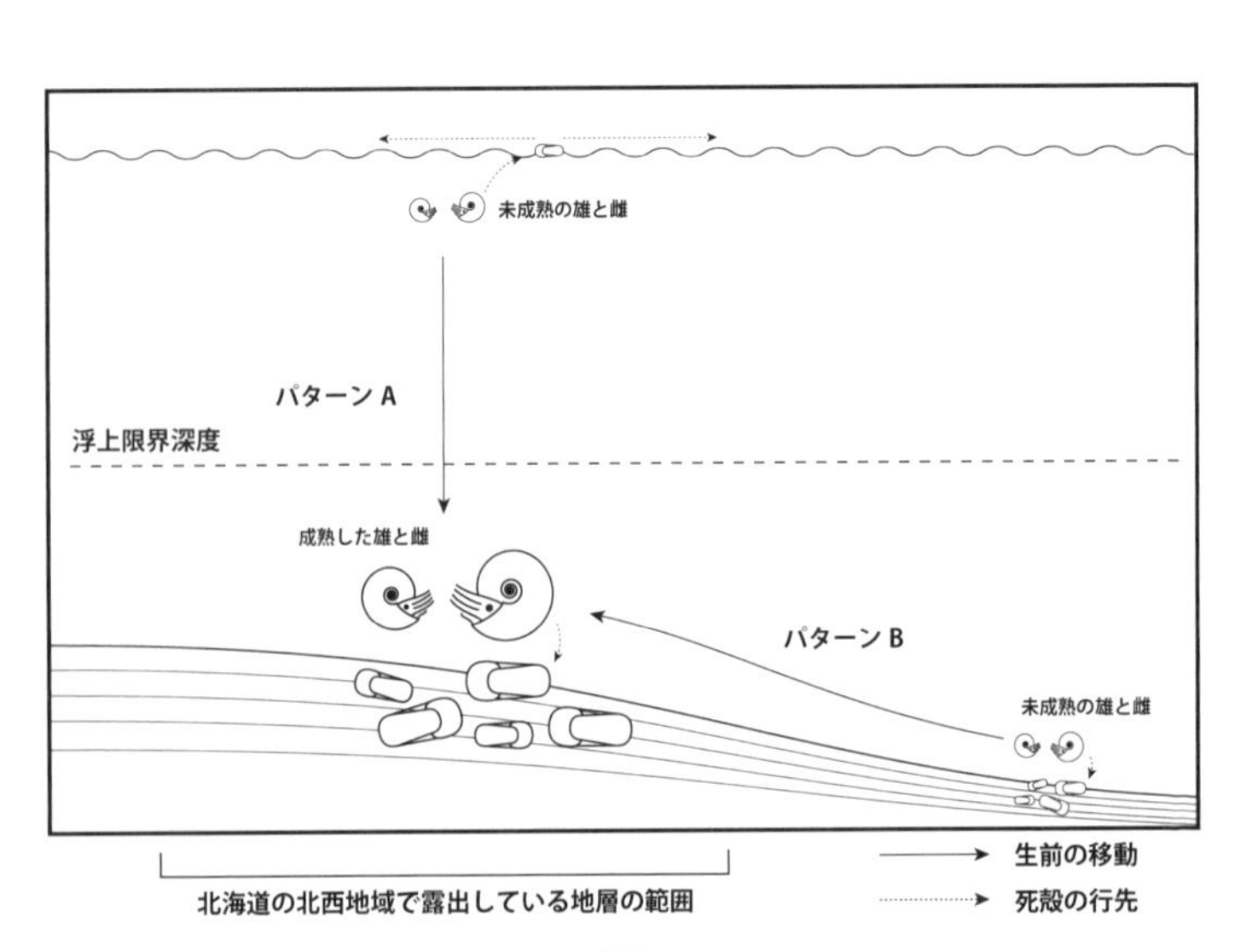

推定されたテトラゴニテス・ミニマスの生態。

が関係しているのかもしれない。化石そのものは動かないが、丹念に調べると、小さなアンモナイトの生き生きとしたすがたがうっすらと浮かび上がってきた。

北海道の小さなアンモナイト、テトラゴニテス・ミニマスの二型現象・化石化過程・古生態を総合的に検討し、移動性の生活史を推定したこの研究成果を論文としてまとめるまでに、それなりに長い時間をかけてしまった。ミニマスの二型と成熟個体が異常に高い産出傾向に初めて気がついたのは2015年頃、まだ博士課程に在籍していた頃だったが、当時、他の研究テーマを優先させていたり、博士論文を執筆していたりしていたために、データをある程度揃えた状態で寝かせていた。それから7年後の2022年に研究を再開させた。寝かせていたとはいえ、実はその間も頭の中では考察を続けていたために、割とすっと原稿を書くことができた。寝かせていた間に腐ってしまったわけではなく、いい感じに熟成されたと言えるのかもしれない。原稿は、ポーランドの伝統ある古生物学の学術誌アクタ・パレオントロジカ・ポロニカに受理された。研究成果が世に出るまでもう少しだ。

悩みが尽きない大学院時代

僕は、結構悩みやすい方だ。大学院時代は、特に将来や研究手法やテーマに関する不安があり、それらについて常に悩んでいた。

もちろん、化石を研究していることは幸せこの上ないが、将来まともな職を得られる保証はどこにもない。職を得ることができなくて、研究を諦めなくてはいけなくなってしまう日が来たらと遠い未来のことを漠然と不安に思い、研究に関しては、自分自身がやっていることにも自信をもてず、「この研究の内容や手法で、きちんと成果を上げられるだろうか？」と不安で仕方なかった。一言で言うと、どう生きていいかわからない。悩める子羊であった。

そんな大学院時代、たくさんの先生方と出会い、時には思い切って心を開いて悩みを打ち明け、ご指導いただく機会があった。そんなことを通して自分自身のスタンスが徐々に確立していき、いつしか自信をもって前向きに研究に向かうことができるようになった。

その中でも、決定的だったのが、博物館実習でお世話になった北海道の三笠（みかさ）市立博物館の学芸員の先生方と、分析機器の利用でお世話になった北海道大学の伊庭靖弘（いばやすひろ）先生との出会いだ。

博士課程に進む理由

2013年8月、修士課程2年生の夏。地質調査の途中2週間ほど中抜けをして、北海道の三笠市にある三笠市立博物館で実習を行なった。

「学芸員」とは、博物館で働く専門職員である。学芸員になるためには、まず資格をとる必要があり、資格は、大学で必要単位をとるか、文部科学省が実施する資格認定試験に合格すると得ることができる。

横浜国立大学の大学院では講座が開講されていなかったため、修士課程1年の秋学期から2年の春学期にかけて、八洲（やしま）学園大学の通信制講座を受講し取得した。「博物館資料論」や「博物館展示論」など8つの座学科目と、実際の博物館で実習を行なう「博物館実習」があった。

博物館実習の実習先は自分で見つけ、アポイントをとる。せっかく実習するのなら、自分の専門分野に近い展示のある博物館の方が今後に活きるのではと思い、国内最大級のアンモナイト展示がある三笠市立博物館を選んだ。当時は東京住まいだったが、夏に調査で北海道に長期滞在するので、滞在中の2週間で実習させていただくという寸法だ。

三笠市立博物館には当時、二枚貝や脊椎動物の糞化石などが専門の加納学さん、アンモナイトが専門の栗原憲一さん、文化史が専門の高橋史弥さんの3人の先生（学芸員）がいた。

実習では、標本の登録の仕方や、夏休みイベントなどを通して、博物館業務全般を学んだ。博物館実習の最後に、打ち上げとして先生方が居酒屋に連れて行ってくれた。実を言うと、そのお酒の場こそ、人生の方向性を決めるような重要な学びの場となった。

当時修士課程2年生で、来年から博士課程に進むことを一応は決めていたものの心のどこかで迷いがあった。先に述べたとおり、研究テーマにも悩みがあったが、それ以上に不安だったのは、研究を続けて、ちゃんと職に就くことができるのかということだ。そして、研究を続けたいと思うモチベーションが「研究が楽しい」「化石が好き」で良いのかということだった。今考えれば仕事や研究に対する個人のモチベーションなんてものは人それぞれで、良いも悪いもないのだが、当時はかなり深刻に悩んでいた。というのも、なんとなく仕事とは辛く、大変なもので、「楽しい」とか「好き」とかをモチベーションにしてはいけないような、研究者として食べていくにはそんな簡単な理由ではダメで、好きとか楽しいとかのその先にあるもっと高尚な何かがないといけないものだと漠然と思っていた。「化石が好きで、それを研究するのが楽しいから研究者になりたい」と言ってはいけないような気がしていたのだ。

そんな悩みを抱えていたので、実際に学芸員として職に就いている先生方に、なぜ学芸員になろうと思ったのかとか、そういうことをいろいろ質問してみた。具体的に、古生物学が専門の加納さんと栗原さんには「化石が好きか」「研究は楽しいか」と聞いてみた。加納さんは化石自体が好きだという。栗原さんの方は、化石自体がそこまで大好きというわけではないけど古生物学の研究は楽しいと思うと答えていた。

僕はそれを聞いて、今まで心につっかえていたものがはずれてしまって、涙があふれてしまった。

「これでいいんだ」

化石が好きだから、研究が楽しいから研究者を目指してもいいんだ、胸を張っていこう。

この時本当の意味で博士課程に進学する覚悟が固まった。しかし、当然先生方はドン引きの様子で、加納さんからは「君、精神的に弱いのか、大丈夫か」と本気で心配された。いい歳の大学院生が、やけにグイグイ質問をしてきて、挙句よくわからないタイミングでいきなり泣き出すのだ。そりゃ困惑・心配するに決まっている。一度出てきた涙はなかなか引っこまなかった。栗原さんは「科学者を目指すなら自分の心も論理的に分析できるようにならないとダメだな」と言った。

その後も話は続き、いろいろなことを逆に質問された。「研究が好きなのはわかった。じゃあ、何のために研究する？」というようなことを聞かれた。

迷った挙句、僕は、「お金」と言った。

当然、先生方は大激怒だ。さっきまで研究が楽しいだの化石が好きだの言ってたのに何を言っているんだ、こいつは。研究が金のためとは何事か。当然そう思うであろう。

栗原さんからは「いや、金持ちになりたいってなら研究なんてやめとけ。今日はもう帰って寝ろ」と言われた。「いや違う、そうではなくて……」と言いかけたが、自分の考えをうまく言語化できなかった。

これについては、それこそ論理的に自分の心を分析できるようになった今なら説明することができる。語彙力があまりにもなく「お金」と言ったが、言葉を補足するなら、金になるような研究ができる人間になりたい、もっと具体的に言うと、人から、社会から必要とされる、経済から完全に独立していない研究者になりたいという意味だった。

自分の好きなことを研究したい気持ちがありつつ、しかし社会から独立して、自分の好きな研究だけをひたすらすることができ、しかも食いっぱぐれない、そんな都合の良い場所などこの世界に存在しないことが感覚的にわかっていたし、社会から切り離された場所でいくら研究ができたとしてもそれではなんとなく幸せになれないような気がしていたのだ。

「古生物の研究をやりながら、ちゃんと社会で生きていくにはどうするべきか」ということも漠然と悩んでいたのだった。「社会から必要とされること・経済から独立していないこと」の23歳の表現は、悲しいかな「お金」の一言だったのであった。

先生方は半ばあきれ気味で、時間も時間だったので結局そのままお開きになった。〝号泣銭ゲバ大学院生〟は宿舎に戻り、なんてことを言ってしまったのだろうかと、後悔しながら眠りについた。

その次の日が実習の最終日だった。二日酔い気味で博物館に向かう足取りは重かった。実習が終了した後に提出する最終レポートについて加納さんから説明を受けた。「実習で学んだことの総括を書くように。あ、飲み会の席が特に勉強になったなんて書くなよ(笑)」と言った(言われたとおりレポートには書かなかったが、この本では書いた)。

思い返してみると、三笠市立博物館での博物館実習は研究者を目指す上での大きなターニングポイントであり、化石が好きで、研究が楽しいから研究者を目指す。その上で、古生物学者としていかに社会と関わるかを模索する。自分のスタンスが決まった瞬間だ。

僕は、これからも、心の底から化石が好きで楽しいから研究をしていると、大声で言い続けよう。進路に迷う誰かの後押しになるかもしれない。

国際学会デビュー

2014年9月、大学院博士課程1年生の頃だ。

北海道での地質調査で捻挫をしてしまった右足を引きずって、成田空港に向かっていた。

スイスのチューリッヒ大学で開催される国際頭足類学会に参加するためだ。このシンポジウムは1979年にイギリスで開催されて以来、数年おきに開催されているもので、化石だけでなく現生の頭足類の研究者も参加する。

海外にひとりで行くのは初めてだが、チューリッヒ大学には研究室の先輩の田近周（たちかあまね）さんが留学していて、学会中アパートに泊めてくれることになっており、向こうで和仁先生とも合流することになっていたので、あまり心配はなかった。

田近さんは、気候や交通手段、スイスに持ってきた方が良いものなどを事前にかなり丁寧に教えてくれた。お土産を持っていくとしたら何が良いかと聞いたところ、「日本酒が飲みたい」というリクエストがあり、成田空港で良さそうな日本酒を買って飛行機に乗りこんだ。

日本とスイスの直通便は高いので、時間がかかるが安いロシア経由便を使ったのだが、これがミスだった。トランジットでいくつか問題が起きた。まず、再度の手荷物検査があり、そこで田近さんに渡す予定の日本酒を没収されてしまった。ロシア語でなんか言われたが、何言っているかよくわからない。でもとにかくこれらは持ちこみを許可できないと言われていることはわかった。田近さん、ごめんなさい……と心の中で言いながら、泣く泣く手放した。また、思ったよりゲートからゲートへの距離が長く、乗り換え時間が意外と短かった。怪我しているのでうまく走れない足を引きずり、冷や汗をかきながらなんとか滑りこんだが、疲れ果てて飛行機のシートに座った瞬間眠りに落ち、起きたらスイス・チューリッヒ空港に到着していた。

田近さんは空港まで迎えに来てくれていた。まずはお土産のお酒がトランジットで没収されたことをおわびした。そこから、田近さんのアパートまではそんなに遠くなかった。時間は夜の10時になっていたので、その日は眠り、次の日、田近さんに付いて大学に一緒に行かせてもらった。

当時、田近さんはクリスティアン・クルッグ先生の研究室に所属していて、研究室は大学博物館の中にあった。展示室だけでなく収蔵庫も案内してくれて、クルッグ先生も紹介してくれた。

クルッグ先生は、40代半ばくらい（当時）の割と若めの研究者で、アンモナイトを含む化石頭足類を専門としている。アンモナイトの生物としてのすがたに迫るような研究成果がいくつもあり、アンモナイト古生物学の教科書的書籍“Ammonoid Paleobiology”を主編集した他、いくつかの章の執筆を担当し、合計1539ページにもおよぶ2冊組として

2015年に出版した。世界のアンモナイト研究をけん引する研究者のひとりだ。

クルッグ先生との最初の会話はあんまり覚えていない。たしか、「君はどんなことを研究しているの?」みたいなことを聞かれたが、あまりうまく説明できなくて、会話を続けられなかったような気がする。

その日の午後は、チューリッヒの街を探索した。チューリッヒの街はとってもきれいで、適当に歩いていているだけで楽しかった。


さて、学会は1週間ほどかけて行なわれ、前半は、スイスの隣国ドイツへの地質巡検、[*9]後半はシンポジウムだった。

巡検ではジュラ紀の化石採集と博物館めぐり、本場のビールを満喫した。シンポジウムでは縫合線研究について、口頭で発表を行なった。英語で研究を発表するのは初めてで、事前に用意した英語原稿をほとんど覚えておいて、とにかくそれを言うだけで精一杯だった。聴講者から質問が来たが、うまく答えることができなくて、というか何を言われているかわからなくて言葉が詰まってしまい、和仁先生が小声で助言してくれた。

＊9　地層の観察や化石採集などを目的とした野外調査旅行。

と、まぁこんな感じでなんとか国際学会デビューを飾った。

手法は目的の達成のためにある

懇親会の後、日本人研究者数人で二次会に行くことになり、カフェのテラスのようなところでビールを飲んだ。その席には北海道大学に赴任したばかりの伊庭靖弘先生も同席していた。

伊庭先生は、白亜紀中期の太平洋型生物の多様性変動を研究していて、例えば、ヨーロッパに先駆け、太平洋でイカに近縁な頭足類「ベレムナイト」が絶滅したことは、この時期の寒冷化によりユーラシア大陸とアメリカ大陸の間に「ベーリング陸橋」が出現し、生物区が分断されたこと、そしてさらに、ベレムナイトが絶滅した太平洋ではベレムナイトのニッチを埋める形で、現代型頭足類の祖先が進化したことを明らかにするなど、それこそ教科書を書き換えるような重要な発見をいくつもしていた気鋭の若手研究者だった。

その際に、標本の観察技術の目覚ましい進歩について話題になり、僕は「時代は最新技術かぁ。やっぱりオーソドックスな手法は時代遅れだよなぁ……」と愚痴をこぼした。

日中のシンポジウムで、欧米の研究者が最新の分析・観察技術からどんどん新しい発見をしていくのを目の当たりにして、自分の研究に少し自信をなくすと同時にひねていたのだった。僕は機械音痴な自分を正当化するために、斜に構えて最新技術を眺めていたのである。

すると、伊庭先生は「分析・観察技術はあくまで目的をはたすための手段であり、何かが新たに発見できるなら手段を問う必要はない。新しい技術を無意味に排除してはいけない」という趣旨のことをおっしゃった。正論すぎてぐうの音も出なかった。


次の日、伊庭先生から、和仁先生と共にランチに誘われた。チューリッヒの街中のカフェテリアのテラス席でパスタを食べた。その時にどんな研究をしているのかと問われ、「北海道で見つかるテトラゴニテスの密集産状は、群れのような生態が現れたものと考えていて、死んでから化石になるまでに長距離を流されておらず、生前の生態が化石に反映されることを証明するために、テトラゴニテスの軟体部が入っていた住房に、軟体部に含まれていたはずの顎器が保存されているか確認したい（70ページ）」ということを話した。

すると、伊庭先生は最近研究室にX線検査装置を導入したので、それで観察してみたらどうかと提案してくれた。それであれば、もしかしたら化石を破壊することなく、化石内部の顎器を発見できるかもしれないということだった。いつでも気軽に連絡をしてくれて良い、いつでも協力する。と、伊庭先生はとても優しかった。

学会から帰国した後、改めて伊庭先生にメールをし、日程調整の結果、11月の半ばに北海道大学に伺うことが決まった。

2014年11月。北海道はすでに雪が降っており、冬景色になっていた。

X線検査装置は、要するにレントゲン写真を撮影する機械である。動物などに照射して体の内部を観察する。化石は岩石・鉱物で、生き物の体に比べて密度があり、X線が必ずしも透過するかはわからないが、もしかしたら映るかもしれない。

横浜から持ってきた化石をいくつか装置に入れてみた。中には、アンモナイトの住房部分に顎器が保存されていることを確認済みのも用意していた。さて、住房内の顎器はどのように映るか。

期待して画面に注目していたが、それらしきものは何も見えない。画面にはアンモナイトの形の灰色の塊が見えているだけだ。他の化石も装置に入れてみたが、それらしきものは何も映らなかった。観察は失敗か。X線では化石の内部を見ることはできなかった。と、僕は肩を落とした。

しかし、それで終わらないのが伊庭先生だった。伊庭先生は現生のイカやタコの顎器をセメントの中に埋めてみて、X線照射下でどのように映るかを見てみようという提案をした。「岩石中の化石」を擬似的に作り出し、観察する。すごいアイディアだと思った。こうして作った「擬化石」をX線装置で見てみた。うっすらと顎器が見える。これであれば見える。

でも本物の化石の方では見えない。住房を埋める泥岩部分の密度が高すぎるのか。アンモナイトの顎器は現生タコのものに比べて小さく薄いからなのか。

この時に、「見えない」ということから一歩進み、見えない理由を考察する段階に思考を進めていることに気がついた。

他にもさまざまな方法で顎器を見てみようということで、SEM（走査型電子顕微鏡）で観察してみることなどもやってみた。その時に、顎器を見ながらいろいろと議論したことは今でも忘れられない。伊庭先生からは、とにかくユニークで斬新な発想がどんどん出てくる。ひとつの標本を、とにかくいろいろな角度から眺めることができる。

「標本を観察するってすごく楽しいでしょ。観察する手段を限定してしまうのはやっぱりもったいないよね。学会の時に、少し厳しいことを言ったけど、君にこのことをわかってほしかった」

と伊庭先生。

結果的に非破壊で住房内の顎器は観察できなかったが、古生物学者として極めて重要なことを伊庭先生から教わった。

ひとつの標本からできるだけ多くの情報を引き出すために、「見ること」に貪欲になること、そしてその手段は選んではいけないこと。さまざまな視点から検討してみて、考えうるあらゆる工夫をしてみること。研究には、こだわるべき部分とこだわるべきではない部分がある。なんでもかんでもこだわったつもりで、排除してしまうのはただ意固地なだけで、それによって何か貴重な発見を逃してしまうかもしれない。

どこか感じていた手詰まり感は幻想であったことに気がつき、霧が晴れるように、視界が開けた。

自分は化石のごく表面しか見ていなかった。もっともっとアンモナイトをいろいろな角度から眺めてみよう。まだまだやるべきことはたくさんある。

第2章

不思議の芽の発見──北海道でのフィールドワークと密集産状の謎

この時、博士課程1年生の冬、25歳であった。

第3章
異常巻きアンモナイトの研究

博物館学芸員になる

2015年4月。

大学院博士課程2年生に上がって間もないある日、北海道の三笠市立博物館で学芸員の募集をするという情報を得た。和仁先生からは「まぁ、三笠は割と田舎だし、苦労することも多いかもしれないけど、博物館の研究職を得られるチャンスも多いわけではないから、挑戦してみたら」と勧められた。

三笠市立博物館には博物館実習でお世話になっていただけではなく、無根拠だが、近い将来そこに住むような予感がしていたのが不思議だ。人生の転機にはなんかピンとくるものがあるような気がする。僕は迷わず応募することにした。

採用試験に無事合格し、2015年5月1日付けで学芸員（研究員）に採用された。三笠市立博物館はアンモナイト激推しの博物館で、メインの展示室には600個を超えるアンモナイトを展示している。自分の専門性にもっとも合致する博物館に、しかもこんなにも早く就職することができたのは、運命の巡り合わせ以外の何物でもない。博士号も諦め

第3章

異常巻きアンモナイトの研究

たくなかったので大学院は退学せず、「二足のわらじ」を履くことにした。

ちなみに大学院のある横浜と北海道は直線距離で900㎞くらい離れている。二足のわらじなど可能なのかと思われるかもしれないが、博士課程では、講義等は一年次にほぼ終了しており、後は研究をして博士論文を提出することが修了の条件なので、研究がきちんとできる環境であれば問題ない。幸い、僕の研究フィールドは北海道だし、博物館には基本的な研究設備も整っていた。ただし、先生からの指導は直接受けづらくなるというデメリットはある。


4月末、北海道への移住の日はよく晴れていた。生まれてからそれまでずっと実家暮らしだった僕にとっては初めてのひとり暮らしになる。地学教室の後輩たちからはテキーラで盛大に送り出され、和仁先生からは餞別（せんべつ）として北海道行きの片道航空券をいただき、両親からは最後まで心配だと泣きながら見送られた。

小さくなってゆく東京の街を飛行機の窓から眺めながら、優しい人たちから遠ざかっていく寂しさで少し泣いた。

そして、新千歳空港でおいしいラーメンを食べて元気になった。

引き出しの中のアンモナイト

僕と入れ替わりに三笠市立博物館に移った前任学芸員の栗原さんには修士課程時代よりお世話になっていて、博物館実習以来何かと気にかけてくれていた。移住してすぐに栗原さんに移住と着任の挨拶をした際、ひとつの課題を与えられた。それは、あるアンモナイトの記載研究であった。

「たぶん新種だと思うんだけど、在職中に研究を終わらせることができなかった。君が使うであろうデスクの一番上の引き出しに入れておいたから、着任したら確認して」という言葉のとおり、引き出しを開けると、一見アンモナイトとは思えないような奇妙な形をした化石が入っていた。

これらの化石は、博物館のボランティアの会の大和治生（やまとはるのぶ）さんが採集したもので、栗原さんに鑑定・研究を依頼し、預けていたものらしい。着任して間もなく、大和さんに挨拶する機会があった。大和さんは、僕が研究を引き継いだことを栗原さんから聞いていて、僕に産出地点などの情報をくれた。大和さんも、長年の経験からそれが新種であることをほぼ確信している様子だった。

古生物学の研究においては、大和さんのような研究所に所属しない在野の収集家・研究者の存在がとても大きい。特に、北海道のアンモナイト研究は、研究者と在野の収集家・研究者の協働により発展してきた歴史がある。土地勘と観察眼に優れる彼らなしには成り立たないのである。

第3章

異常巻きアンモナイトの研究

アンモナイトの中には、普通の渦巻形とは異なる形をした殻をもつ種類がおり、それらのことを「異常巻きアンモナイト」と呼ぶ。奇妙な形をした化石は、この異常巻きアンモナイトのなかまだった。

異常巻きアンモナイトは、アンモナイトの進化の歴史の中で何度も登場している。

特に中生代白亜紀は、さまざまな形態の異常巻きアンモナイトが進化し、繁栄した黄金時代である。巻きが解け、蚊取り線香のような形をしたものや、バネのような形をしたもの、棒状のもの、クリップのような形をしたもの、成長の途中までは普通のアンモナイトのように巻き、最後だけ巻きが解けるもの、実にユニークであり多様だ。北海道からは異常巻きアンモナイトの固有種がなぜか多く見つかっている。

ちなみに、「異常」とは言っても、病気や奇形などによるものではない。異常巻きアンモナイトは、“heteromorph ammonoid”の訳だが、“heteromorph”にはそもそも「異常」というようなネガティブなニュアンスはなく、単に「異なった形の」「他の形の」という意味である。「異常巻きアンモナイト」という名称は日本において伝統的に使用されてきた言葉ではあるが、正確さに欠ける表現なのかもしれない。

ちなみに以前、僕は異常巻きのことを普通に「ちょっとキモチワルイ」と思っていた。なので、この時までほとんど調べたことがなかった。しかし、研究を進める中ですっかり虜（とりこ）になってしまい、今では研究のメインテーマだ。僕レベルになると異常巻きアンモナイトをつまみに酒が飲める。異常巻きアンモナイトには、噛（か）めば噛むほど旨味が出る「スルメ」のような、奥深い魅力がある。

これまで、もちろん自分で新種を見つけたことはなかったし、記載論文を書くことなんてまったく想定しておらず、右も左もわからなかった。しかし、新種を記載するということ自体には憧れのようなものはあったし、栗原さんと大和さんからいただいた大切な研究の機会である。それまで取り組んでいたテトラゴニテスの密集産状の謎解きと並行しつつ、絶対に形にすると誓って研究を開始した。

第 3 章

異常巻きアンモナイトの研究

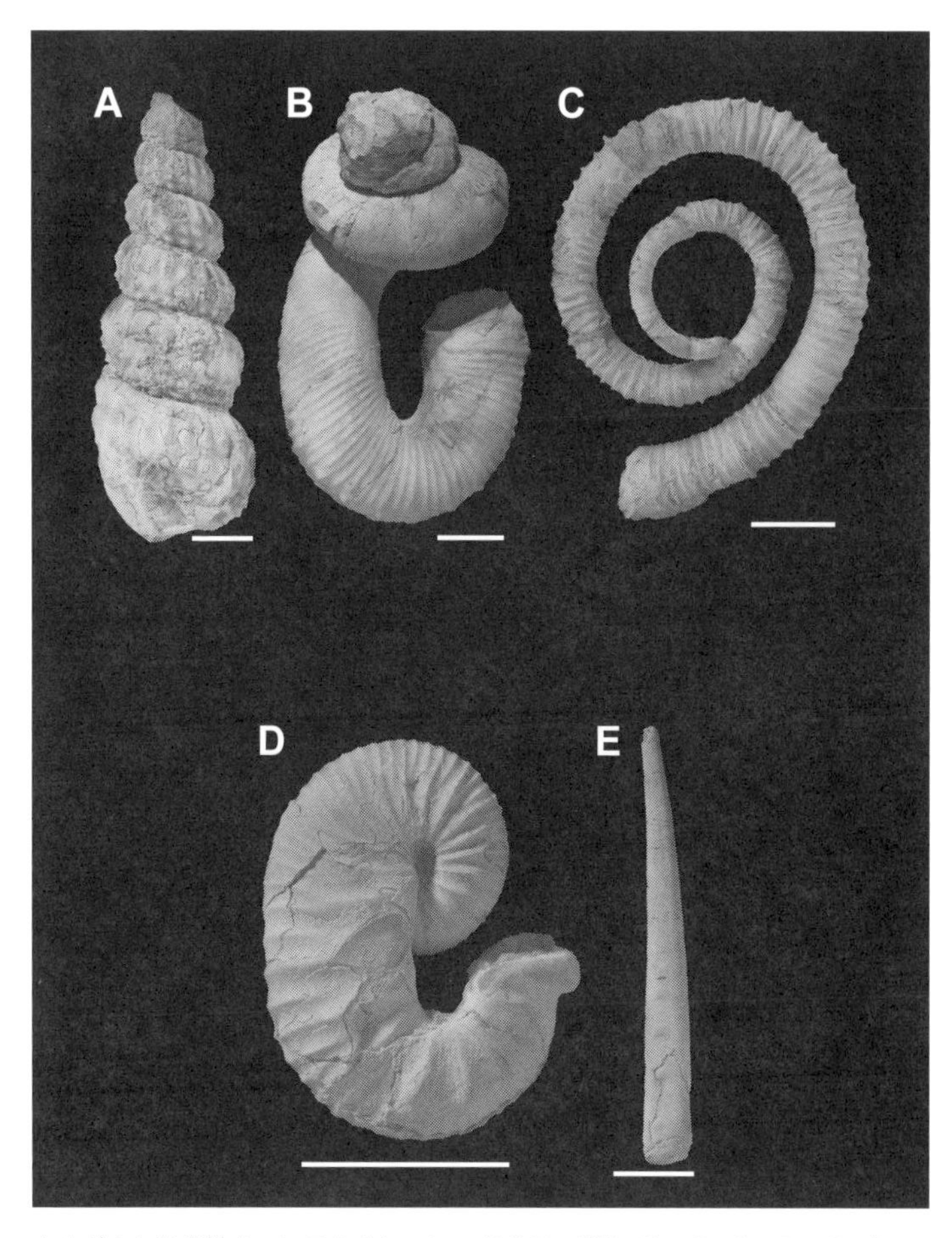

さまざまな異常巻きアンモナイト。A. ツリリテス類(マリエラ・オーラーティ)、B. ノストセラス類(ノストセラス・ヘトナイエンゼ)、C. ディプロモセラス類(スカラリテス・スカラリス)、D. スカフィテス類(エゾイテス・シュードエクアリス)、E. バキュリテス類(バキュリテス・タナカエ)。スケールバーは2cm。(所蔵:三笠市立博物館)

新種の記載論文

まずはその夏、野外調査を行なって産地の地層を確認することにした。追加化石を手に入れたかったのと、それらの化石が見つかった地層がどんな特徴か知りたかったためである。化石は三笠地域と羽幌（はぼろ）地域から見つかったものだったが、このうち三笠標本の産出地点はダム湖の湖岸の地層で、ボートを使わないとアクセスすることができないような場所だった。

まさに化石が出たその場所に行くことは諦め、数百メートルの距離で同じ時代の地層が出ている沢の調査を行なった。

羽幌標本の産出地点にも出向いてみたが、途中の林道がかなり手前の地点で大規模に崩れ、奥に進めなくなっていた。かなり遠回りにはなるが、一応迂回（うかい）ルートがある。トライしてみたが、こちらも途中で林道が終わっており、結局化石が産出した現場まで行くことはできなかった。三笠と同じく、近くの別の川沿いで露出している同じ時代の地層を追跡して追加標本などを探すことにした。

それまでに北海道で見つかっていたユーボストリコセラス。A.ジャポニカム種、B. オオツカイ種、C. インドパシフィカム種、D. ムラモトイ種、E. 電子コスタータム種。スケールバーは2cm。(所蔵:A～D. 三笠市立博物館、E. 九州大学総合研究博物館)

幸い、栗原さんと大和さんが該当地域の地質調査を行ない、示準化石[*10]の二枚貝の化石なども採集していた。論文執筆にあたり、「地質について」の項目はお二人の調査結果をもとにすることができた。

全部で5個体ある化石のうち、羽幌標本3個体はクリーニングがすでに完了していて、岩石から完全に取り出されていた。残りの三笠標本2個体はまだ岩石の中に入っていた。野外調査と並行してクリーニング作業を行なって岩石から化石を取り出しつつ、化石の観察と既存種との比較を開始した。

これらの化石の特徴を説明すると、まず殻全体が螺旋（らせん）形のバネを限界まで引きのばしたような形をしていて、殻の表面には一部のアンモナイトにあるような突起などはなく、まさに洗濯機のホースのような「肋（ろく）」と呼ばれる周期的な凹凸があるのみだった。この特徴に一致する異常巻きアンモナイトはユーボストリコセラス属（*Eubostrychoceras*）である。ユーボストリコセラス属に絞り、世界中で記載されている既存種と比べてみたが、たしかに同じような形をしたものがいない。栗原さんと大和さんが言うように、新種で間違いなさそうだ。

日本からは、数種のユーボストリコセラスが記載されているが、バネの引きのばし程度や、殻が太くなる比率、表面の装飾、成熟時の形状などにそれぞれ違いがあった。今回の標本は、バネの引きのばされ具合に目をつぶれば、殻の太さなどは1904年に記載されたユーボストリコセラス・ジャポニカム（*Eubostrychoceras japonicum*；以下、ジャポニカム種）に比較的よく似ている。

しかし、ジャポニカム種が生きていた時代は、白亜紀のチューロニアン期（約9000万年前）である一方、今回の新種が見つかったのはカンパニアン期最前期（約8300万年前）で、間にあるコニアシアンとサントニアンという2つの時代をすっ飛ばして、生息年代におよそ700万年ものギャップがある。

その間にも別の種類のユーボストリコセラスが存在しているので、ジャポニカム種と新種の間に系統関係を簡単に結ぶことは難しいが、現時点での解釈として、古い時代のジャポニカム種から続く系統の生き残りと考えて、その見解を論文の「議論」で記述すること

＊10　地層が堆積した年代の判断に役立つ化石のこと。形態進化が早く、生息分布が広範囲で、多数発見される、などが条件である。アンモナイトも種類によっては重要な示準化石である。

にした。

新種の標本を観察してわかったことがある。羽幌から見つかっている3個体のうち、殻の大きさが中くらいの個体は、成長の最後の部分がそれまでの巻き軸からはやや逸れている。

ユーボストリコセラスだけでなく、ディディモセラス属（*Didymoceras*）やノストセラス属（*Nostoceras*）など、いくつかの異常巻きアンモナイトは成長の最後に殻の向きがそれまでと変わり、殻口が上の方を向く。その変化の後に成長を続けるものがいないので、殻の向きの変化は成熟に関係しているというのが通説である。

それにしたがうなら、今回の新種で見られる殻の逸れは成熟・成長の終了が近いことを示している可能性が高い。そして、成熟が近いのが、見つかっている化石のうち、中くらいの個体であることが興味深い。それよりも大きいのに成熟のサインが見られない個体がある。もしかしたら、この種類には二型が存在する可能性があるのではないか。正確には、もう少し化石を見つけてみないとなんとも言えないが（成熟するタイミング自体かなり自由だったという可能性も否定できない）、これも観察事項として論文で記述することにした。

論文のイメージはできてきた。新種なので、新しい学名を考える必要がある。

生物の学名は、「二名法」というルールに基づいて命名されている。二名法は、スウェーデンの植物学者カール・フォン・リンネが18世紀に確立し、現在まで引き継がれている。

二名法では、生物の種名を、ラテン語もしくはギリシア語で記された属名と種小名の2つを並べ、その後に命名者の名前と命名年を記載して表す。例えば、有名な肉食恐竜ティラノサウルス・レックスの正式な種名は*Tyrannosaurus rex* Osborn, 1905となる。*Tyrannosaurus*が属名、*rex*が種小名で、この学名はOsbornという人物が1905年に命名したことを示している。命名者と命名年は省略して示すこともある。

このようにして、リンネ以降の生物学者・古生物学者は、生物種（化石種含む）にそれぞれ固有の名前を与えて分類し、生物界を認識しているのである。

各種の学名（属名もしくは種小名）にはさまざまな由来があるが、発見者に献名したもの（例、フタバサウルス・スズキイ［*Futabasaurus suzukii*］：種小名は発見者の鈴木直（すずきただし）に献名）や、発見場所の地名がついているもの（例、ユタラプトル（*Utahraptor*）：アメリカ・ユタ州で発見）、生物の特徴を示す言葉で名付けられているもの（例、トリケラトプス（*Triceratops*）：3本角の顔）などが特に多いかもしれない。

今回の場合、標本の発見者は大和さんだが、大和さんは地質調査を行なっており、論文の共著者である。実は、命名のルール上（というより、正確にはルールよりもマナーだが）、著者自身で自分の名前を種名にすることはできない。

地名はどうか。今回の発見は三笠市と羽幌町からであり、北海道内の離れた2地点であるのでどちらか一方の地名だけを入れるのもなんだか不平等だ。また、北海道からたくさんのユーボストリコセラスの種類が見つかっている中で、今更「ホッカイドーエンゼ」「エゾエンゼ」とつけるのも野暮だ。

では、化石の形の特徴を示すような名前をつけるのはどうか。今回のユーボストリコセラスの最大の特徴は、なんと言っても極度に引きのばされた殻だ。「とても緩い」という意味の学名などが適切かもしれない。

ちなみに、生物の学名はラテン語とギリシア語でつけることになっている。なぜラテン語かというと、かつてヨーロッパではそれらが学問言語として広く使われていたかららしい。人名や地名などは、その国の発音のローマ字になるが、例えば、人名を種小名とする場合は単語の後にその人物が男性なら"-i"、女性なら"-ae"をつけるという決まりがある。

ということで、ラテン語の辞書を数冊買いこみ、「とても緩い」となる言葉を探してみると、「valde + laxum」という2つのラテン語の組み合わせでそのような意味になることがわかった。日本語的に発音するなら、「ヴァルデラクサム」。かっこよくて、いい響きだ。

ちなみに、属名であるユーボストリコセラス（*Eubostrychoceras*）のボストリコ（bostrycho-）は「房状の毛」「巻毛」という意味がある。ボストリコセラス属（*Bostrychoceras*）は、1967年にユーボストリコセラス属が提唱されるよりも前、1900年に提唱された属だが、おそらく、バネのような螺旋型の殻がパーマヘアのように見え、そのように名付けられたのだろう。19世紀後半にイギリスで発行された女性のヘアカタログを見ると、たしかに、ボストリコセラスそっくりな長い毛束をまとめて螺旋状に巻いたヘアスタイルが載っていた。

セラス（ceras）はアンモナイトの属名によく用いられるラテン語で、「角」

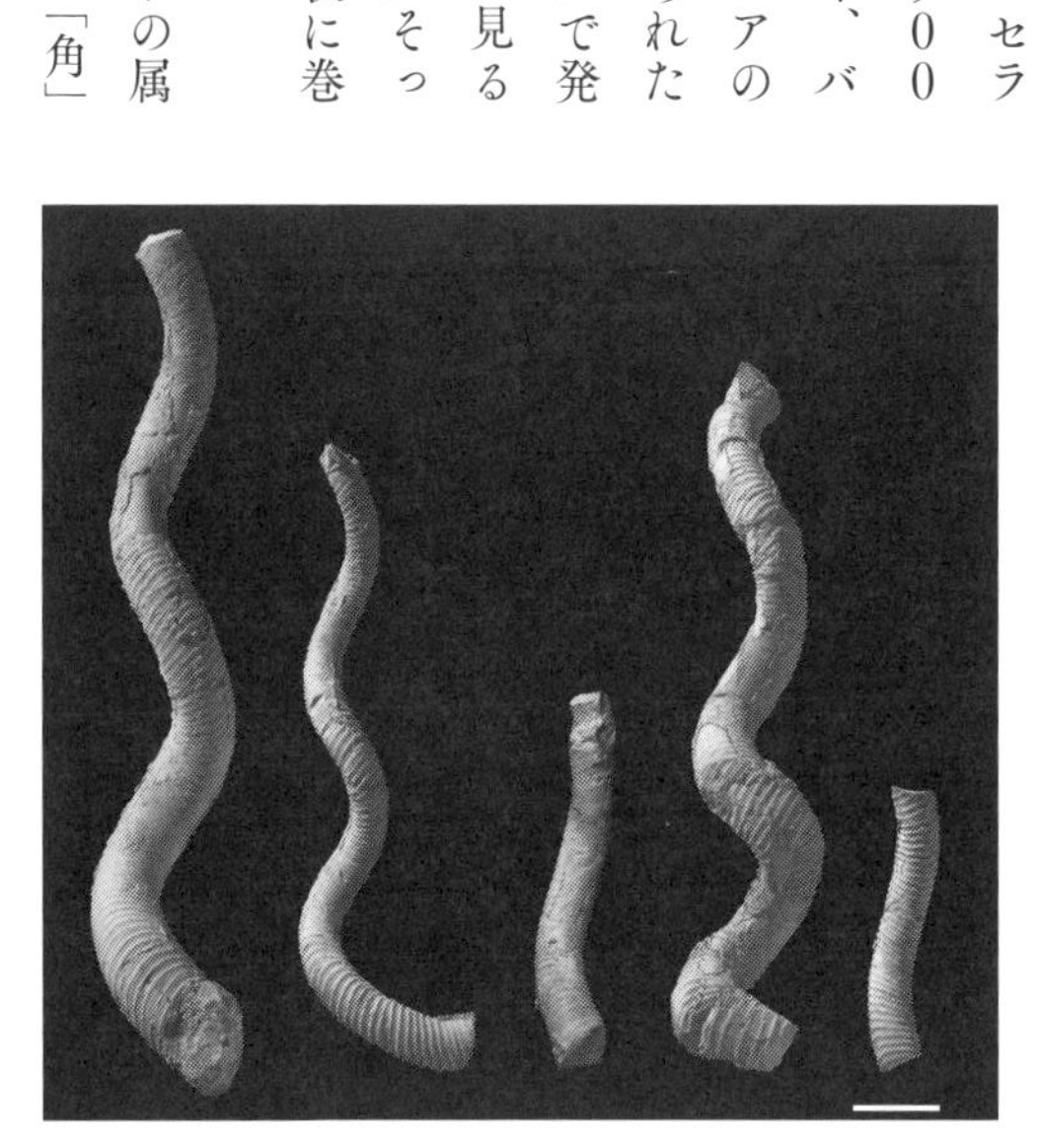

ユーボストリコセラス・ヴァルデラクサムとして新種記載した5つの化石。スケールバーは2cm。（所蔵：三笠市立博物館）

という意味である。そもそも、「アンモナイト」という名前は頭に羊のような角をもつ古代エジプトの太陽神アモンにちなんでおり、「角」というラテン語が当てられるのはそのためである。なので、直訳としては角のことではあるが、角そのものではなく、この文脈ではアンモナイトを指していると見るべきかもしれない。

ユー（Eu-）の部分には、「良い」「きれいな」「真の」という意味があるらしいがこの場合はどれにあたるかはわからない。しかし、先に存在していたボストリコセラス属の定義に少々問題があり、混乱を解消するために、ユーボストリコセラス属（*Eubostrychoceras*）が提唱され、ボストリコセラスに属すとされていたほとんどの種がユーボストリコセラスに移された経緯を考えると、「真の」という意味合いが強いように思う。

ということで、ユーボストリコセラス属（*Eubostrychoceras*）の僕による訳は「真の巻毛アンモナイト」となる。

新種の種小名ヴァルデラクサム（*valdelaxum*）と合わせると、全体で「とても緩い真の巻毛のアンモナイト」ということになる。「緩い巻毛（パーマヘア）」つまり「ゆるふわパーマ」。新種の殻は、まさにゆるふわパーマ型なのでこの学名はぴったりだ。

ヴァルデラクサムという種小名は、栗原さんも大和さんも気に入ってくれた。栗原さんは、学名の「とても緩い」という意味にすぐに気づいてくれた。ということで、新種は「ユーボストリコセラス・ヴァルデラクサム（*Eubostrychoceras valdelaxum*）」と命名することにした。

その年の秋から冬にかけて、原稿を書き上げ、２０１６年4月、日本古生物学会が発行する欧文誌パレオントロジカル・リサーチに原稿を提出した。記載論文を書くのは初めてだったが、過去の記載論文の体裁に倣い、見様見真似で書いてみた。

実は、僕が博物館に就職したのと同じタイミングで、もうひとり研究員が採用されていた。それが唐沢與希（からさわともき）さんだ。唐沢さんは僕より3歳年上で、専門はアンモナイトとオウムガイだが、京都大学大学院でさまざまな研究テーマに取り組む人々の間でもまれたというバックグラウンドもあってか、知識の幅が広かった。

唐沢さんは論文執筆にあたりさまざまなアドバイスをしてくれた。論文は最終的に僕、大和さん、栗原さん、唐沢さんの4人の連名となった。

半年におよぶ論文の審査（査読）の結果、２０１６年の10月に論文が受理された。僕にとって2本目の査読論文となった。この研究をきっかけとして、僕の興味は異常巻きアンモナイトに傾倒していき、沼にハマっていくことになる。

研究の機会を与えてくれた栗原さんと大和さんには感謝しかない。この記載研究について栗原さんからいろいろと話を聞いてみると、新種の記載という重要な研究テーマを与えてくれたことは、博物館資料を用いて研究をし、地域の自然史の一端を明らかにするというところから始めて、地方博物館のあり方を模索してほしいという意図があったようだ。

実際に、この研究は僕の研究人生のターニングポイントとなっただけでなく、博物館で研究をする意義や、研究以外の博物館活動について深く考える機会になった。

博士論文について本気出して考えはじめてみた

話は少し遡り、2016年の春、博物館で「ユーボストリコセラス・ヴァルデラクサム」の記載論文を書き上げた頃のことである。大学院の学年的には、博士課程3年生に進学した。研究をまとめ、博士論文を提出する最終学年である。

修士課程からその時点までに取り組んできた研究課題は、(1)縫合線(ほうごうせん)の複雑さ解析、(2)テトラゴニテス・グラブルスの密集産状、(3)テトラゴニテス・ミニマスの二型、そして、最近論文を投稿したばかりの（4）新種ユーボストリコセラスの記載だ。振り返ってみると、4年間でいろいろな研究テーマに取り組んできていた。（1）はすでに論文として成果を公表し、（4）も順調に公表に向かっていることについては我ながら評価できる一方で、ああでもないこうでもないと言いながら研究内容を変えてきたので、それぞれにあまり関係性がない、という難点があった。どのように一本の博士論文にまとめようか。

ここで、そもそも科学における研究成果の発表方法とはどういうものなのかをお話ししておきたい。

研究はどのように発表すると成果と言えるのか？　まず、研究で発見したことを自分だけが見ることができるノートに書き留めている段階では成果として認められない。当然だが、自分以外の人間がその発見を知ることができる状態になって、初めて成果となる。

また、発表の方法も重要である。「研究を学会で発表した」というような言葉を聞くことがあるかもしれない。学会で発表し、他の研究者と議論を交わすことはとても重要なことではあるが、実は学会で発表しただけでは正式に成果として認められない。例えば新種の化石を見つけた場合、学会の口頭発表で「新種を見つけました」と説明しても、新種としてカウントされない。

新種名を提唱して、種を定義する標本を指定し、特徴を記述し、それを誰でもアクセスできる「紙の論文（オンライン論文）」の状態にしないと意味がないのだ。科学研究とは、論文となって初めて正式な成果となる。

どんなに素晴らしい研究を重ねていても、それを自分のノートにとどめておいたり、学会の集会で説明しても、本当の意味で研究成果を上げたことにはならない。重要なのは、「再現性」である。

証拠がきちんと残り、その証拠をもとに、「発見」の真偽を自分以外の人間が検証できる状態であることが重要である。そして、論文は書けばどんなものでも良いというのではなく、内容についての審査があり、審査に合格したものだけが世に出るという仕組みになっている。これについては、後の章でもう少し詳しく語ろうと思う。

さて、ここで僕が悩んでいたのは、論文は論文でも、「博士論文」だ。

大学に提出する博士論文は、雑誌に掲載される論文とはまた少し意味合いが異なる。研究成果を文章としてまとめたものであることに変わりはないが、一人前に研究ができる人物になったことを証明するような意味合いが強いような気がする。

そのため、研究成果を論文として世に出すプロセスまできちんと行なったことを示す、審査を受けて専門誌で公表された研究成果を内容の一部に含むことが求められることが多い。ただし、この辺りの考え方や、公表された成果をいくつ含むかなどの求められる具体的な条件等は大学院により異なる。


僕が所属していた課程では、公表論文を最低一本含むことが必須条件だったので、すでに公表されている縫合線の論文か、ユーボストリコセラスの記載論文が近い将来に受理され、それらのうち、どちらかを博士論文の一部にすれば、一応の条件はクリアできるという状況だった。しかし、条件さえクリアすれば良いというものでもなくて、一本の博士論文として、全体の筋が通ったものにする必要がある。

さて、もっている材料（成果）で、どのように料理するか。

忘れられていた化石、ハイファントセラス

博士論文をどのようにまとめるかを考えながら4年間で採集した化石を整理していて、

あるアンモナイトが目についた。そう言えば、何個体か採集して「なんだろう」と思いながらも、当時は、そもそも異常巻きアンモナイト自体にあまり興味がなかったために詳しく調べず、しばらく忘れていた化石だ。

ユーボストリコセラスを研究する中で、関係する異常巻きアンモナイトについても一通り調べ、ある程度の既存種を把握した今ならわかる。

「これ、たぶん珍しいやつだ」

半分くらい岩石に埋まっている、中途半端な状態だった化石を改めてクリーニングして、岩石から化石だけを取り出してみた。殻全体としては、ソフトクリームのような形、巻きが少し解けたような形をしている。また、殻の表面には肋（規則正しく並んだ細かい線状のシワ）の他、最大4つの突起列がある。これはユーボストリコセラスと同じノストセラス科に属する異常巻きアンモナイト、ハイファントセラス属（*Hyphantoceras*）の特徴である。ちなみに「ハイファント」とは菌糸やクモの糸のことを指すラテン語らしいのだが、それらに直接的に似ているようにはあまり見えず、名前の由来はよくわからない。

例の化石は、図鑑などではあまり見覚えがなかった。もしかして新種だったりするのだろうかと少し期待しながら、これまで論文で発表されているハイファントセラスの種を調べてみることにした。

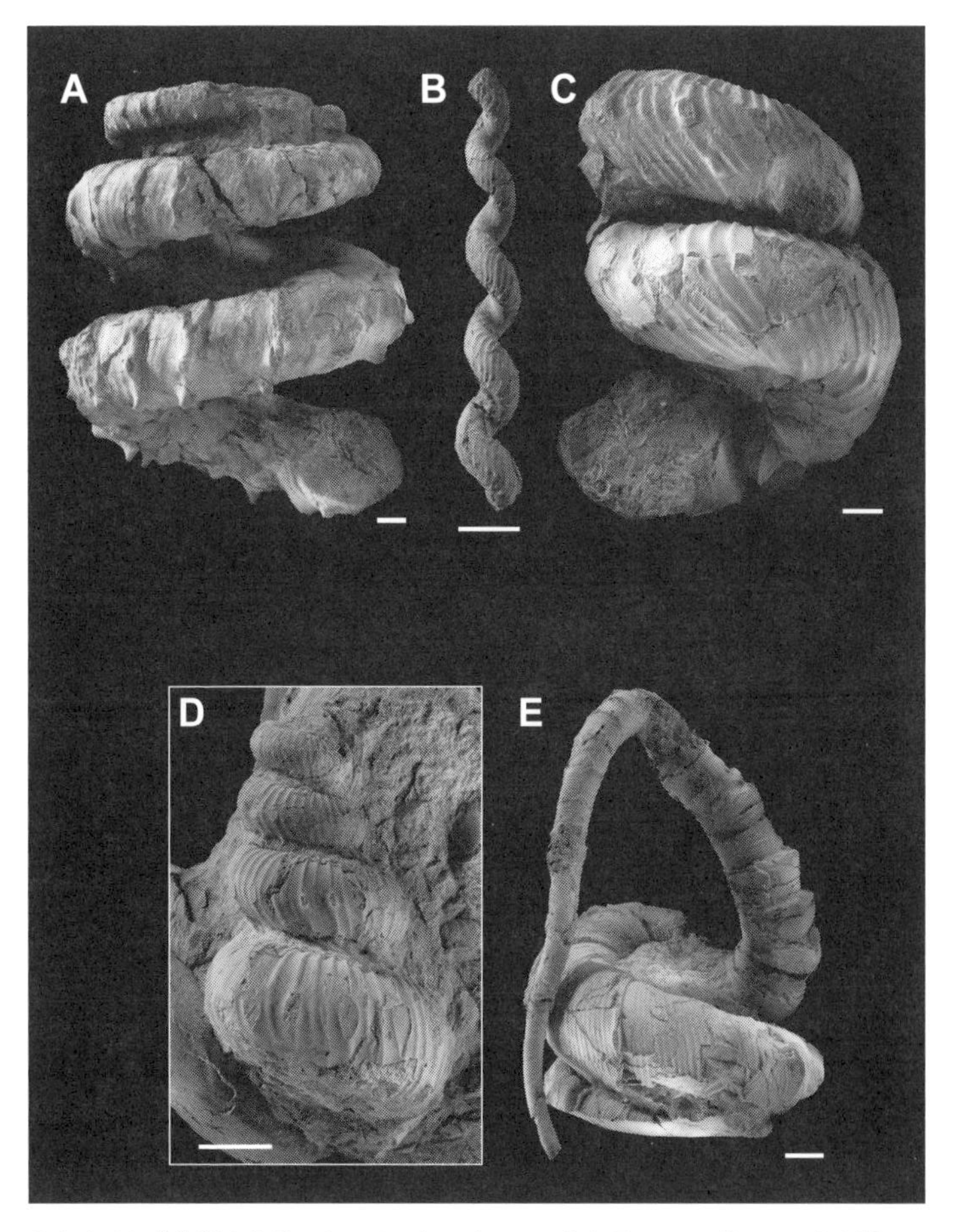

それまでに北海道から見つかっていたハイファントセラス。A. ヴェヌスタム種、B. オリエンターレ種、C. オオシマイ種、D. トランジトリウム種、E. ヘテロモルファム種。スケールバーは1cm。(所蔵：A, B. 三笠市立博物館、C. 東京大学総合研究博物館、D, E. 国立科学博物館)

ハイファントセラスは世界各地の白亜紀後期の地層から発見されており、日本からも5種が確認されている。3種は1904年、2種は1977年に新種記載されていた。調べて感じたのは、結構古くから認識されているものの、関連研究が少ないということである。何が原因かわからないが、殻の特徴が記載され、それぞれに学名がついていること以上のプロフィールはほとんど明らかにされていないというような印象を受けた。

手元の化石と過去の論文の各種の掲載写真やスケッチとを比べると、ハイファントセラス・トランジトリウム（*Hyphantoceras transitorium*；以下、トランジトリウム種）という種類の特徴にもっとも近いことがわかった。

この種は、1977年に出版された松本達郎（まつもとたつろう）先生（九州大学）の大著論文の中で、たった1標本のみに基づいて新種記載され、それ以来現在までの研究の中で学名がまったく登場していない、学界でも「忘れられた種」であった。

実際にかなりマイナーな種であると実感したのは、研究をする過程で、トランジトリウム種について調べていることを他のアンモナイト研究者に言うと、「ん？　そんな種類あったっけ？」というような反応をされることがしばしばあったことである。

ずっと忘れられてきた種を複数個体見つけることができたので、詳しく調べたら何か新しいことがわかるかもしれない。

「型取り技法」の伝授

1977年の論文に掲載されたトランジトリウム種の標本写真はやや不明瞭で、細部の特徴がイマイチよくわからなかったので、実物を見て、自分が採集した化石と比べてみたくなった。

その標本は国立科学博物館にあり、テトラゴニテスの章で紹介した『アンモナイト学』の著者・重田康成先生が管理していた。重田先生に連絡をして、標本の観察、写真撮影、型取りをさせてもらいに伺うことにした。

実際の標本を見て思ったのは、論文の写真とだいぶ印象が違うということだ。論文の写真では、巻き同士が離れたバネのように見えたのだが、実際の標本は巻き同士が割としっかり接しているソフトクリームに近い形だった。実物を自分の目で見てみないとわからないものだと実感した。

標本をある程度観察し、次に標本の型をとる作業を始めた。型取りには、2種類のパテを混ぜることで硬化するシリコンを用いる。教材の作成などのために職場で時々使うことはあったが、研究のために重要な標本の型をとらせてもらうのは初めてだった。まずは自分で化石にシリコンを当てて型を作ってみるが、溝や細かい部分の形がうまく型に残らなかったりして、あまりうまくいかない。

重田先生は、型取りの実演をしながら、コツを教えてくださった。

まず、素手でやると自分の指紋がつくので必ず手袋をすることが重要であること。細かい特徴を厳密に型に残すためには、粘度の少ない液状のシリコン（インジェクションタイプ）を化石の表面に塗り、その上から粘度の高いシリコンで覆う方法が適切であること。この方法なら細かい溝にもしっかりとシリコンが入り、鮮明な型をとることができる。

他にも、練ったシリコンを重ねた際にできる継ぎ目の部分が裂けやすくなり、実物を抜く時に型の方が壊れてしまうので、シリコンを継ぎ目がない塊状にすること、裂け目ができる原因になりそうな部分は、型を抜く前に切ってしまうことなど、とても大事なことをたくさん教えていただいた。

レプリカ型を作る重田先生のお顔は完全に職人の様相で、そして出来上がったレプリカ型は、自分が作ったものとまるで比べ物にならないほどにきれいだった。

重田先生は世界中の博物館を訪問して、重要なタイプ標本を観察して型をとるそうだ。その時に重田先生は、自分の目で標本を見ることを大事にしている、というよりそれが自分にとっての研究だと言っていた。たったひとつの標本の観察と型取りのためだけに海外の博物館に行くこともある、ということに当時はとても驚いた。

型取りひとつとっても奥が深く、こだわりをもち正しい方法で作業するべし、ということだけでなく、記載分類学者としての種に対する、標本に対する、研究に対する向き合い方を学ぶ、貴重な経験となった。

明らかになったハイファントセラスの進化系列

国立科学博物館で、実物のハイファントセラス・トランジストリウムの標本を見たことで、この種の特徴がよくわかった。僕が採集した化石はやはりトランジトリウム種で間違いなさそうだ。

報告をすれば、1977年以来の記録になる。しかし、最初の発見から数十年ぶりに見つかりました！ と言ったところで、だから何だと言われてしまうだろう。化石の発見がどんな古生物学的な知見につながったのか、それが重要である。

そう言えば、4年間の調査で、別の種類のハイファントセラスも採集していた。特に、ハイファントセラス・オリエンターレ（*Hyphantoceras orientale*；以下、オリエンターレ種）という種をそれなりの数採集していた。

オリエンターレ種は、巻きがタイトかつそれを上下にうりゃーと引きのばした、例えるなら電動ドリルの替刃のような独特の形の殻をもつ。オリエンターレ種は、僕が調査していた古丹別（こたんべつ）地域では砂っぽい泥岩から密集して見つかることがよくある。どこからでも出てくるような種ではないが、出るところからはめちゃめちゃたくさん出るというアンモナイトで、知名度もそれなりに高い。

何気なしに、オリエンターレ種とトランジトリウム種が出た地層を、地質柱状図にプロットしてみると、ある傾向があることがわかった。

2種はどちらも、サントニアン期（約8630万年前~8360万年前）の地層から産出しているが、その中でも、オリエンターレ種はより新しい時代の地層から、トランジトリウム種はより古い時代の地層から出ているのである。

2種は殻全体の形こそ異なるが、殻表面装飾に注目すると、ほとんど区別がつかないほどによく似ている。そして、トランジトリウム種だけで見ても、ソフトクリームのような形、最初は巻きがきついが途中で少しだけ解け、バネのような形になるものなど、個体により巻き方の個性があることがわかった。その個性を地層に並べてみると、比較的古い時代の個体ほど巻きが詰まったソフトクリーム型をしており、新しい時代の個体ほどやや巻きが解けているような傾向がある。

一連の事実から導き出した結論は、トランジトリウム種からオリエンターレ種への直系の進化系統があり、殻が徐々に解けて全体が縦長になっていく、ということである。忘れられていたトランジトリウム種は、オリエンターレ種のご先祖様だった。

トランジトリウム種とオリエンターレ種は、現在まで北海道からロシアのサハリンにかけて分布している白亜紀の地層、蝦夷層群でしか発見されていない。特にオリエンターレ種は1904年に命名されてから100年以上経つにもかかわらず、他の地域から報告されていない。このことから、北太平洋の西側、サハリン―北海道付近にしか生息していなかった固有種だったことがうかがえる。トランジトリウム種→オリエンターレ種の進化は、おそらく、この地域で限定的に起きたのだろう。

何気なく採集し、保管していた化石は、異常巻きアンモナイトの一系統の進化を明らかにする重要な知見につながった。一種とじっくり向き合って、標本を観察して形の特徴をきちんと把握し、タイプ標本と直に比較し、どの地層から出たのかを確認して、その種のプロフィールを丁寧に明らかにする。そのことの尊さをこの研究を通して学んだ。

高校時代、とってもギターがうまい先輩に、どうやったらそんなにうまく弾けるようになるのかと聞いてみたことがある。その先輩が、「当たり前のことを、当たり前にできるようになるようにやっているだけだよ」と言ったことが思い出される。

「当たり前のこと」をやること。まずは基本をマスターすること。それは、ギターに限っ

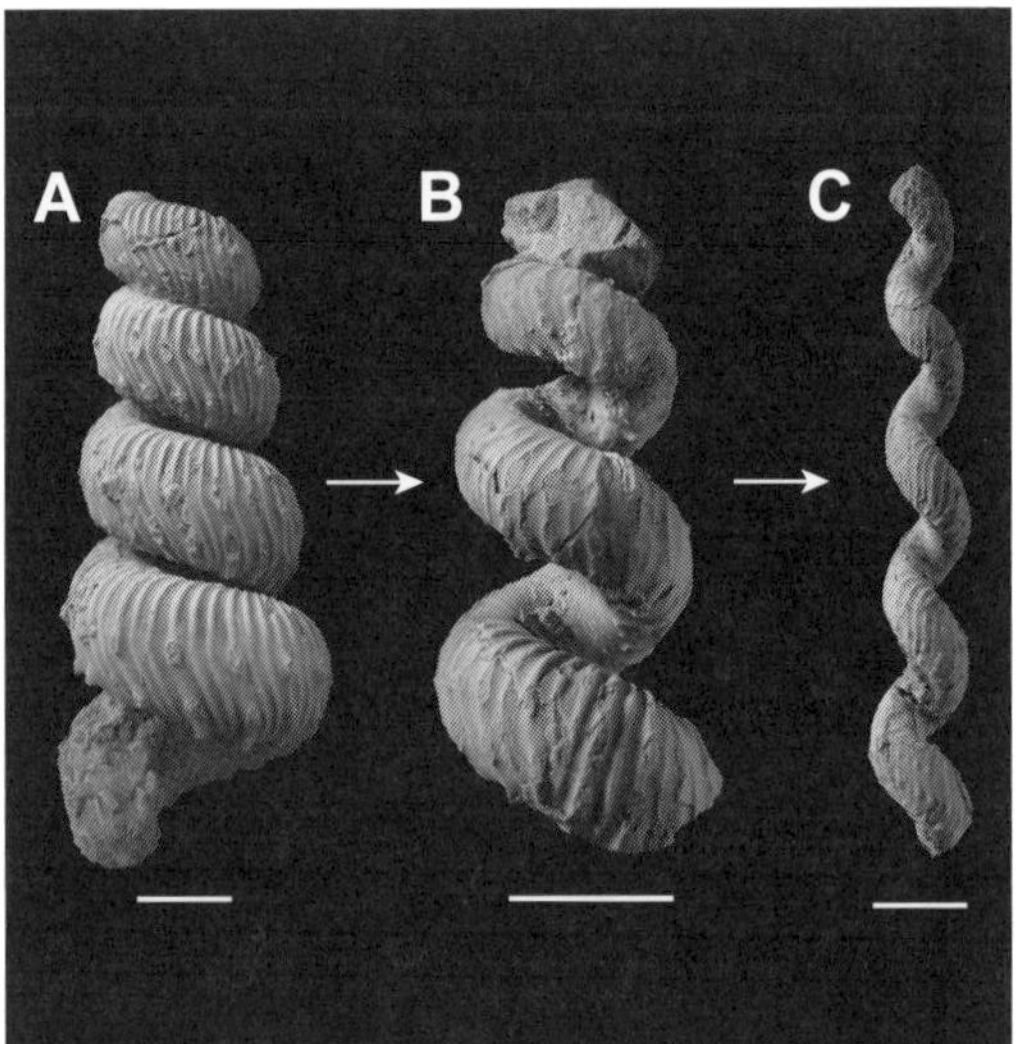

推定されたハイファントセラスの進化系統。A. 典型的なトランジトリウム種、B. 巻きが少し離れたトランジトリウム種、C. オリエンターレ種。スケールバーは1cm。(所蔵:A. 中川町エコミュージアムセンター、B, C. 三笠市立博物館)

た話ではなかった。

この後、日本から見つかっているすべてのハイファントセラス属の種をおさらいすることにして、国立科学博物館に再度訪問した他、東京大学総合研究博物館も訪問し、トランジトリウム以外の残り4種のタイプ標本もすべて観察した。

どう考えても、ハイファントセラス属の種はすべてが一本の線では系統がつながらず、どうやら複数系統が並行して存在していたことがわかった。この内容を博士論文のメインにして、同じ異常巻きアンモナイトの研究であるユーボストリコセラスの成果を加えれば、関連性のある2つのテーマで構成できるはずだ。

ようやく、博士論文の目処が立ってきた。博士論文の提出まで残り3ヶ月……はたして間に合うのか。

博士論文追いこみ

2016年10月。初めて担当した夏の特別展が無事終了した。ここから2017年1月の博士論文提出まで、最後の追いこみである。

ユーボストリコセラス（*Eubostrychoceras*）の論文が受理され、ハイファントセラス（*Hyphantoceras*）の研究がまとまってきて、内容的には目処が立ってきた。しかし、肝心の本文をまだほとんど書き始めていない。博物館の仕事が終わってからが勝負だ。就業時間になったら速攻で帰り、適当に夕飯を食べたら、寝るまで論文執筆。午後5時に仕事が終わり、最速で取りかかれば、6時から始められる。夜1時までなら7時間はある。十分だ。余裕だ。と思っていたのは最初だけだった。

10月下旬、博士審査の予備審査があった。学域の先生方5名に対してスライドでこれまでやってきた研究を説明した。

この時点では、ハイファントセラス、ユーボストリコセラス、テトラゴニテス・グラブルス（*Tetragonites glabrus*）の密集産状と、ミニマス種（*Tetragonites minimus*）の二型も内容に含んでおり、4本立て構成だった。結果は、大批判の嵐だった。今思い出しても辛い。地層があったら埋もれて化石になりたい。

まず、研究テーマが散らかりすぎて、ひとつにまとまっていない。博士論文はそれひとつである程度のまとまりが要求されるが、その点で十分なものであると言えない。ひとつひとつの議論が浅い。もう少し丁寧に記述&説明しなさい。というような指摘を受けた。

それから、問題視されたのは用語やスライド表現のチャラさだ。ハイファントセラスとユーボストリコセラスの殻の螺旋が時代と共に伸びるような現象を「のびのび進化」と表現していたこと、それから性的二型のペアを表現するのにハートマークを使っていたことについて、それはそれは熱のこもった酷評をいただいた。

ロジックに重大な欠陥があり、個々の研究を全面的にやり直し、結論を変える必要があるというほどではなかったのは幸いかもしれないが、当然、相当落ちこんだ。

発表後研究室に戻ってから、1学年下の生野賢司（いくのけんじ）くんが一生懸命励ましてくれた。「〝のびのび進化〟はたしかに、学位審査の先生方に向けた説明としては良くなかったかもしれないですね」と言って、「のびのび進化」に代わる表現を一緒に考えてくれたりした。

言い訳をするなら、博物館に勤める間に、できるだけ一般ウケする、ヒキの良い言葉や表現をチョイスするようになっていたのだ。しかし、そのような言葉選びやスライドの表現は、審査される側として適切ではなかったのかもしれない。

この予備審査結果を受けて、僕は博士論文の構成を再考することにした。博士課程に進んだきっかけであり、もっとも時間をかけたテトラゴニテスの研究を構成要素からすべてはずし、異常巻きアンモナイトの分類と系統関係の構築だけで構成することにした。和仁先生からは、「何も、論文から完全にはずすまでのことをしなくて良い。一生懸命やったのだから内容に含めれば良い」と言われたが、僕の心はもう決まっていた。

テトラゴニテスの研究、特に密集産状に関しては、自信をもって説を提唱するにはまだ時間がかかる。焦って結論を出さずに、もう少しじっくり時間をかけて取り組みたい。辛い予備審査だったが、逆にそのおかげで有益なアドバイスをもらうことができたとポジティブに考えることにした。内容を整理したことで、改めてゴールが見えた。立ち直りの早さには自信がある。


さて、ここから博士論文の追いこみ……と思っていたら、博物館の秋の企画展の担当者になってしまった。外部からの持ちこみ展示企画とはいえ、ポスターやチラシのデザインを作ったり、パネルの解説文を書いたりと、やることはいろいろある。毎日、深夜まで博論を書いているので、日中、特に午前中は眠くて仕方ない。眠くて頭がぼーっとしている。ぼーっとしているのになんかイライラもしている。なかなかしんどい日々が続いた。

博物館の展示会は、内容や開催する時期にもよるが、準備の方が大変で、公開してからはそこまでやることが多くない場合がある。今回はそのタイプの展示会だったので、11月初旬に展示会をスタートさせてからは、週の半分くらいは休ませてもらい、論文を書くことに専念した。溜めに溜めた代休やら年休やらがここで役立った。正直、この頃の記憶はほとんどない。研究以外のことをほとんど考えずに、日付の感覚もわからないほど、論文に集中していた。最後の数週間は横国大の研究室に戻って、先生とも議論しながら論文を詰めていった。そして、ようやく終わりが見えてきた。気がついたら、街ではクリスマスソングが流れていた。

「博士（頑固）」取得

最終的に、博士論文のタイトルは、「北西太平洋地域におけるノストセラス科（頭足綱：アンモナイト目）の系統学的研究」となった。

第1章は、異常巻きアンモナイト概論。特に、北海道を含む北西太平洋地域で行なわれた先行研究を振り返り、課題を洗い出す。第2章は、ハイファントセラス・トランジトリウムとオリエンターレを中心とした、ハイファントセラス属の系統関係の復元。第3章は、ユーボストリコセラス属の記載と系統関係の復元。第4章は、前2章を総括した総合討論。これまでの研究により明らかにされてきたノストセラス科の属種の系統関係をまとめ、そこに今回の研究で明らかになった新データを加えて考察を行なう。先生に添削してもらい、修正し、添削してもらい、そして修正して、を何度も繰り返した。先生の添削は的確で、ほとんどの箇所は指摘にしたがい修正したが、最後までアドバイスを聞き入れなかった部分がひとつある。それは、第4章の総合討論だ。

和仁先生のアドバイスは、「今回の研究で明らかになった、ハイファントセラスの進化系統とユーボストリコセラスの進化系統が同じように螺旋が引きのばされたような形になるのはわかった。それが一体なぜか、古生態的にどんな意味があるのかを議論した方が良い」という内容だ。先生の言うとおりである。結果を示し、その結果がもたらされた理由を考えてこそ科学である。

しかし、その時点の僕の研究は、まだ「のびのび」の意義を議論にする段階ではなかった。殻形態の時系列変化の理由を述べるには、おそらくもうひとつ、ふたつ解析が必要になるだろう。しかし、どんな解析をやれば解明できそうか、そのアイディアすらない。この時点では、傾向を見いだしたことがまずは大事だと思っていて、手札がない中で下手に議論せず、その発見をデータとして示すにとどめたい、というのが僕の考えだった。これについては押し問答が続いたが、最終的に先生は僕の方針の議論内容での提出を認めてくれた。2017年の1月半ば、博士論文を提出した。

第3章
異常巻きアンモナイトの研究

約1ヶ月後に口頭審査があった。酷評の嵐だった予備審査から4ヶ月弱、今度はできるだけ慎重な表現を使って、ひとつひとつの研究について、順序を追って、できるだけ丁寧に説明した。審査の先生方からは、この数ヶ月で一体何があったのかわからないほど良くなっているという評価をいただいた。

無事、博士審査に合格し、2017年3月24日、横浜国立大学大学院において、博士(学術)の学位を取得した。卒業式では、学府の博士課程修了生代表として、壇上で学位記を受け取った。横浜文化体育館での卒業式の後、両親と食事をし、地学教室合同のお祝い会のために大学に向かった。

横浜から相鉄線で和田町駅まで行き、いつものように和田坂を通って大学に向かった。この坂道を上るのも今日が最後だ。いろいろな思いがよみがえる。

初めて大学を訪問し、アンモナイトの化石を初めてもらったあの日。

調査から帰ってきて、研究テーマをつかみ、意気揚々と登校したあの日。

彼女そっちのけで研究に没頭して愛想を尽かされて振られ、研究にやる気が起きず坂の途中で引き返して帰ったあの日。

研究が楽しくて楽しくて、終電ギリギリに大学を出てからもアンモナイトのことで頭がいっぱいだったあの日。
博物館への就職が決まったあの日。
坂の景色は変わらないが、自分自身は変わっていった。

卒業式の次の日、研究室のメンバーとOBも集まってくれて、みんなでビール工場に行った。学位取得・卒業祝いの席で、先生は「あの時の相場くん、めちゃくちゃ頑固だったよね。俺の言うこと全然聞かないんだもん。その頑固さはもう博士に値すると評価することにしたよ。なので、君の学位は、博士(学術)っていうより、博士(頑固)だ(笑)」と言っていた。

僕は、「博士」とは、類稀(たぐいまれ)なる才能に恵まれ、常人にはないような発想力をもった特別な天才だけがなれるものだと漠然と思っていた。しかし、そうではなかった。良い意味で、博士は特別なものではなかった。本当に好きなものに情熱を注いで、悩みながらもたくさんの人を頼って、遠回りしながら手探りで一歩ずつ歩みを進めて、新しいことを習得して。その蓄積こそが博士だった。

博士号取得のその後

2017年4月。「すぐに出さないと。時間が経つと出しにくくなるぞ」

博士論文に書いた内容を学術誌への投稿論文として速やかに発表することは、先生との約束のようなものだった。博士論文を構成していた、ユーボストリコセラスの記載パート（ゆるふわパーマ「ユーボストリコセラス・ヴァルデラクサム」の新種記載）は、先にも述べたとおり学術誌に受理されており、掲載を待っているという状態だ。一方のハイファントセラスに関するパートは、まだ学術誌では公表していなかった。先生との約束とは、この章の内容をすぐに投稿せよ、ということである。

2017年の3月に博士号をとってから、1ヶ月ほどで内容を調整し、ユーボストリコセラスの論文を投稿したのと同じ、パレオントロジカル・リサーチに投稿した。査読ではたくさんの赤がつき、内容の一部を大幅に見直したり、博物館資料の追加調査を行なったりした。審査に約1年を費やしたのち、論文は受理された。博士論文の主要部分が査読付き論文として自分の手から離れていったこの時が本当の意味で博士課程修了の時だったのかもしれない。

博士課程修了および博士号の取得はまったくもって最終目的地ではない。先生の指導から離れ、ひとりで研究を継続的に行なえてこそ真の博士である。この場所が新たな冒険のスタート地点だ。次はどんなアンモナイトの謎に挑戦しようか。

第4章

研究も展示も僕にとっての冒険だ

新たな冒険のきっかけ

大学院を修了して約1年後、僕は、古生物学博士として新たな冒険（研究）をスタートした。きっかけは母校での講義だ。博士課程を修了した2017年から、横浜国立大学で秋学期に開講される1科目の全15回のうち1回だけ講義を担当させてもらっている。大学の教育にわずかでも携わることはきっと良い経験になるはず、という和仁先生の温かい配慮による。

大学で得た専門性をどのようにして社会で活かすかを考えてもらうことを目的とした、いわゆるキャリア教育的な講義である。そのため、学問を体系的に解説するというより、キャリアの選択肢のひとつとして博物館学芸員という職業を、実践的な取り組みと共に紹介している。学部1年生を対象にした科目であるので、博物館の社会的役割や職員の実際の業務について知ったのは初めてだった、という感想をくれる学生さんも多い。大学1年生の毎日はきっと楽しいことだらけだろうし、無数にある授業のうちのたった1回に過ぎないので、多くの学生さんたちにはすぐに忘れられてしまうかもしれない。それでも誰かの人生設計に少しでも良い影響を与えられるといいなと思いながら、誠心誠意、博物館の実際・理想の話をさせてもらっている。

その日は、その講義のために横国大に向かっていた。和田坂を上るのは以前に増して辛くなった。これは気持ち的な問題ではなく、車社会の北海道での暮らしにすっかり適応してしまったための体力的な問題だと思う。

大学に到着し、事務での来校手続きを済ませて、講義までの時間を潰すために研究室に来た。

研究室には、大学院修士課程2年生の岩崎哲郎(いわさきてつろう)くんというラグビー部所属のガタイの良い男がいた。彼はすごく熱心な学生で、毎年夏に北海道でコツコツと野外調査を行ない、丁寧なルートマップを書きながら、たくさんの化石試料を集めていた。僕が研究室に顔を出すたび、彼は採集した化石を見せてく

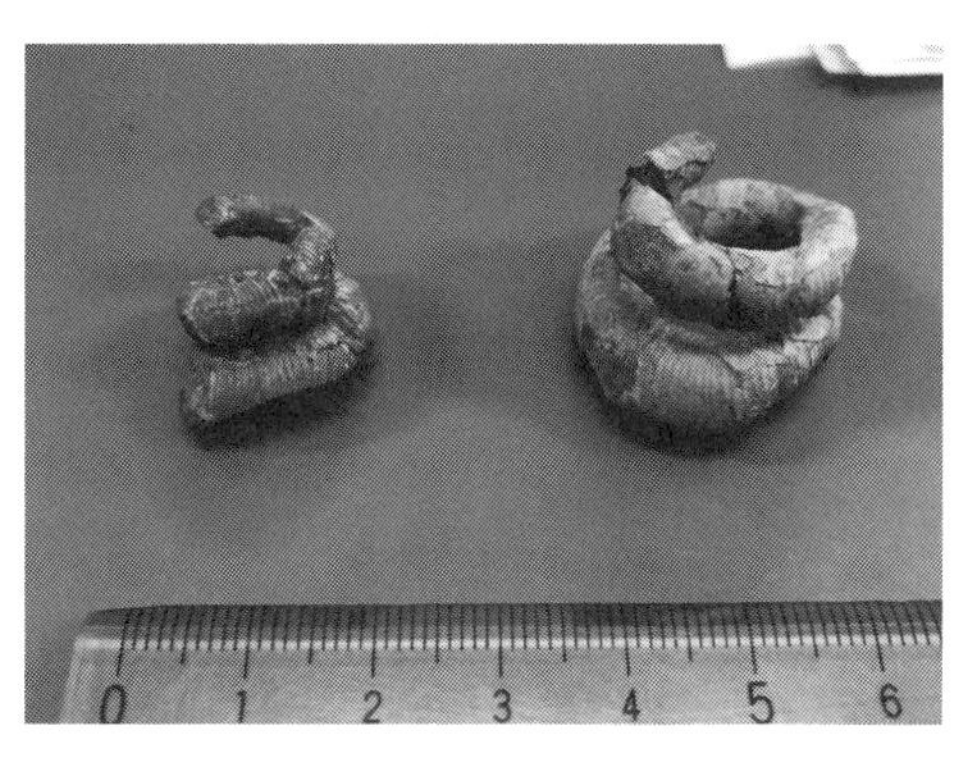

岩崎くんから預かったエゾセラスの化石。

れて、種類がわからないものについて相談を受けていた。この日も、図鑑や論文で調べてみたけど特徴が合うものが見つからず、種類がいまいちわからない化石があるという。彼は直径2㎝と3㎝の2つのアンモナイトの化石を見せてきた。

化石を見た瞬間に、それがノストセラス科の異常巻きアンモナイトであり、まだ記載されていない種類、つまり新種であることがわかった。図鑑や論文に同じものが載っていなかったはずである。

脳内ソーティング

僕はもちろんすべてのアンモナイトを把握しているわけではない。しかし、これまでの章で書いてきた研究を行なったことで、異常巻きアンモナイト、特にノストセラス科に関してはそれなりには詳しくなっていて、北海道から報告されている種と海外から見つかっている近縁種に関しては、ほぼすべての種類を把握できていた。なので、それがまだ報告されていない種、つまり新種であることがすぐにわかったのである。

新種化石そのものの発見は数年にわたる岩崎くんの地質調査の成果の賜物であり、決して一瞬のできごとではないが、新種であることが判明する瞬間は、このように意外なほどあっさりしていることもある。

「詳しい人が見たら新種であることがわかるんです」という説明では、あまりにも再現性がない。生物もしくは古生物の分類はかなり体系的であり、判断は一瞬に見えても、僕の頭の中では何段階かのソーティング処理が行なわれている。

それを説明するために、まず、生物の分類体系についておさらいしておきたい。生物の分類には階層が存在し、上から順に界・門・綱・目・科・属・種という。各階層の間には、「亜門」、「亜綱」、「上科」などさらに細分化された階級が入る場合がある。

ペットとして飼われているアナウサギ（*Oryctolagus cuniculus*）を例にして分類体系を説明してみよう。アナウサギの分類位置は、動物界（Animalia）・脊索動物門（Chordata）・脊椎動物亜門（Vertebrata）・哺乳綱（Mammalia）・ウサギ目（Lagomorpha）・ウサギ科（Leporidae）・アナウサギ属（*Oryctolagus*）・アナウサギ（*O. cuniculus*）である。

上位から順に見ていくと、まず動物であり、背骨があるので脊椎動物亜門、その中でも胎生であり乳で子を育てるので哺乳綱……という風に、動物のグループが絞られていく。

このような分類の体系を、リンネ式階層分類体系という。分類学者は階層の構成をある程度覚えていて、標本の特徴を確認しながら、上位から順に階級のソーティングを行ない、種類を絞っているのである。たくさんの分類群が無造作に並んでいたら、すべてを比べていく必要があり、それは大変な作業になるが、階層になっていることにより、上位階層からたどっていく中で、可能性のないものは自動的に除外されることになるので、効率よくシステマティックに分類の可能性を絞ることができるのである。リンネ式階層分類体系は本当に優れたシステムだと思う。

アンモナイト化石の種同定も、基本的にはこれを上から同じようにたどり、種類を絞る。一般に「アンモナイト類」というと、動物界・軟体動物門・頭足綱・アンモナイト亜綱のことを指す。アンモナイト亜綱にはさまざまな種類（目・科・属・種）が含まれるわけだが、縫合線（ほうごうせん）の形や殻の巻き方、殻表面の装飾（凸凹や突起の有無）などから分類を絞っていく。アンモナイトの場合、確認する必要のある項目は多くてもせいぜい10程度なので、よく知っている分類群であれば、その確認作業はほぼ一瞬なのである。

手元の化石は、1周ほどだがバネのような形をしていることが確認できるので、アンモナイト亜綱の中でも、異常巻きのグループ（アンキロセラス亜目）であることは確実であり、巻き同士が離れていること、後期白亜紀という時代なども考慮すると、これまでに研究してきたユーボストリコセラス（*Eubostrychoceras*）やハイファントセラス（*Hyphantoceras*）*第3章参照と同じノストセラス科だということはすぐにわかった。

続いて、さらに細かい属種を絞っていくのだが、このステップで特に重要になるのが突起の有無や本数である。突起がなければユーボストリコセラス、突起があればハイファントセラスや他属の可能性がある。標本をよく見ると、2つの突起列があることが確認できた。2列の突起をもつのはエゾセラス属（*Yezoceras*）の特徴だ。

エゾセラスは1977年に、九州大学の松本達郎博士が提唱した属で、北海道で見つかった化石をもとに記載され、属名は北海道の旧呼称「蝦夷（えぞ）」に由来している。そして、これまで2種が記載されている。

エゾセラス・ノドサム（*Yezoceras nodosum*：以下、ノドサム種）は螺環（らかん）同士がくっついた巻貝のような形をしており、エゾセラス・ミオチュバキュラータム（*Yezoceras miotuberculatum*：以下、ミオチュバキュラータム種）は巻きがきつく、ツイストしている。目の前の化石は、そのどちらの形とも異なり、やや大回りに緩く巻き、螺環同士が離れていて、バネをほんの少しだけ伸ばしたような形をしていた。

食べ物に例えるなら、ノドサム種は「チョココロネ」みたいな形、ミオチュバキュラータム種は「ツイストドーナツ」のような形で、今回の化石は「カーリーフライ」のような形といえば、その違いが伝わるだろうか。


すぐに記載論文を書いて「エゾセラス・カーリーフライ」を新種として発表したいところである。

しかしながら、これら2標本だけで新種を提唱するのは少し難しい。なぜなら、これらはサイズから見ておそらく幼殻の一部であり、ある程度成長した段階の個体も観察して種の特徴を記述する必要があるためだ。

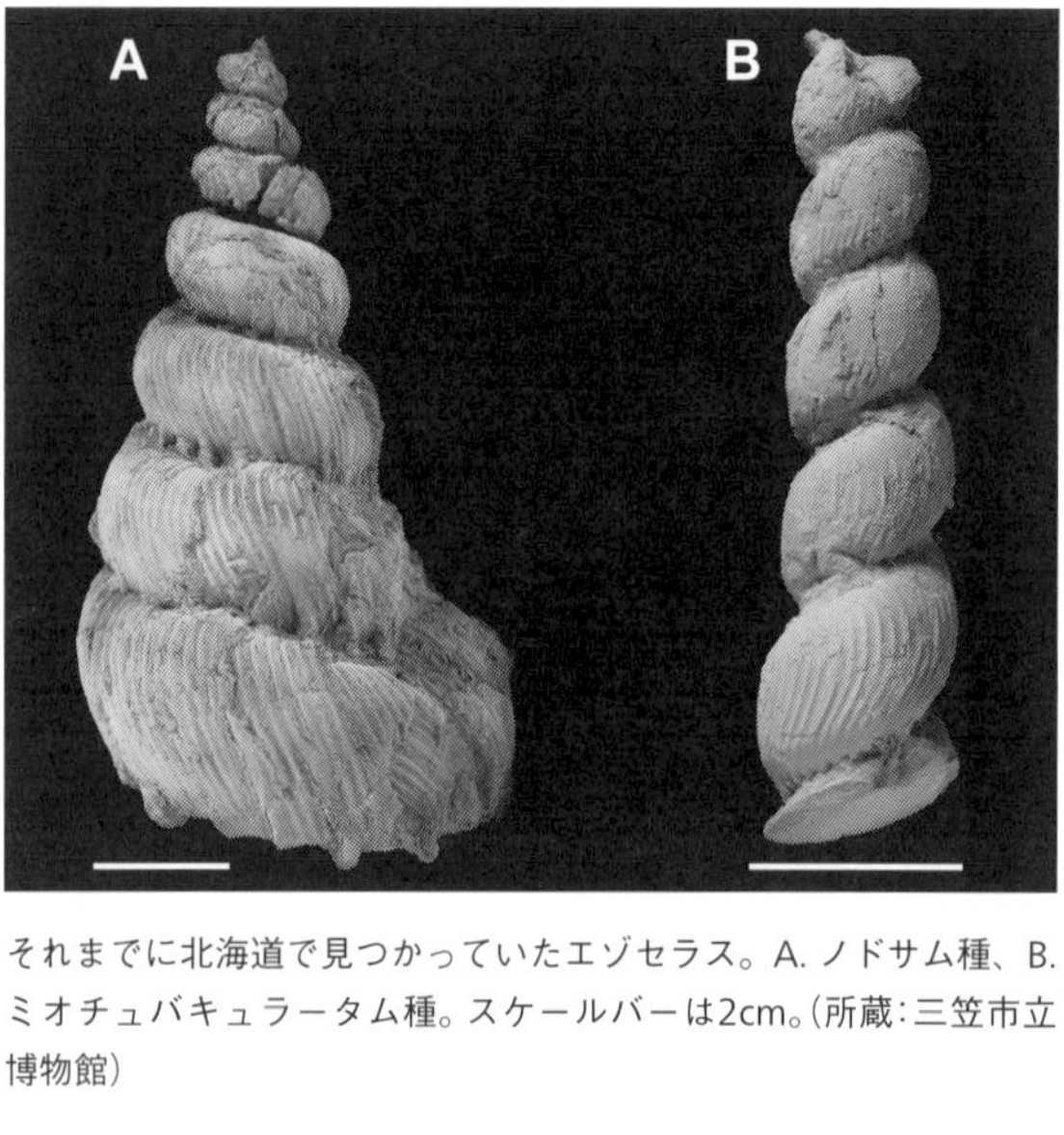

A B

それまでに北海道で見つかっていたエゾセラス。A. ノドサム種、B. ミオチュバキュラータム種。スケールバーは2cm。(所蔵:三笠市立博物館)

成長の中でアンモナイトの殻の特徴が変わることは珍しくないので、成長を通して既存種の特徴と確実に異なることを示す必要がある。なので、新種として発表するためには、もう少し成長した段階の標本を集めたいところである。

岩崎くんに化石を得た場所を記録してあるか尋ねると、彼は速やかに自作のルートマップを取り出し、標本ラベルに書いてある地層の番号と地図上の地層の番号を照らし合わせて、標本の産出場所を示した。彼は2つの化石を地層から直接得ていた。第2章でも述べたとおり、元々地層の中にあった化石を含むノジュールが、風化により川に落ち、流されたものを転石として拾う場合がある。当然ながら、転石はどの地層から出てきたものなのか正確にはわからない。一方で、地層から直接掘り出した化石であればもちろん産出地点がわかるので、その地層をさらに調べれば化石の種類などから堆積年代を知ることができるし、追加標本を得られる可能性もある。

これらの化石は極めて貴重であり、できれば研究して論文を書きたいということを岩崎くんに伝えると、「ぜひ」と2つの化石と産出地点付近の調査データを提供してくれた。

その後、メインイベントである講義を済ませた。先生と研究室のみなさんと横浜で楽しい夜を過ごし、次の日、二日酔い気味で北海道に戻った。

数日後、その2つの化石のクリーニング作業を行ない、化石部分だけを岩石から取り出してみた。小さい化石なのでパーツがなくならないように細心の注意払って作業を行なった。クリーニングをした化石をスマホで撮影し、岩崎くんにLINEで送って報告した。岩崎くんからは、「きれいにクリーニングをしていただきありがとうございます。この化石たちもきっと喜んでいるでしょう」と返信が来た。クリーニングされた化石の気持ちを想像する優しい男である。

カーリーフライを探しに行く

特別展の準備や夏休みイベントなどが一段落してからが野外調査の季節だ。

2018年8月、同僚の唐沢さんと一緒に道北の羽幌(はぼろ)町に3泊4日の調査に出た。今回の目的はもちろん、「エゾセラス・カーリーフライ」の追加標本を見つけることである。スマホの地図アプリに、岩崎くんが教えてくれた化石の産出地点を入力した。加えて、先行研究の地質図を見ながら、同時代の地層が露出している場所も目的地として記録し、出そうなところはすべて調査することにした。

羽幌町に分布するアンモナイトの化石を含む白亜紀の地層は、林道のゲートをくぐり、7つのトンネルを抜けて、いくつかの橋を渡り、川沿いに続く細い林道を走った先にある。

宿を出て数十分車を走らせて、川に入り、しばらく歩いたところで、岩崎くんが化石を得た地層に到着した。まず地層全体を眺める。地層は高さ4m、幅10mほど。なるほど、そこまで大きな露頭ではない。はたして追加標本は得られるだろうか。

岩石の特徴を確認するために、地層を間近で観察したいが、露頭の前の川はそれなりの勢いで流れているので、少し迂回する必要がある。川が浅くなっている場所を探して、地層がある

新種エゾセラスが産出した地層。

方の岸に渡った。

近づいてみると、地層にはいくつかノジュールが入っているのがわかった。地層からノジュールを掘り出し、ハンマーで割ってみた。

割れたノジュールの隙間から、それなりの大きさがあるバネ状の異常巻きアンモナイトの一部が顔を出した。化石をさらによく見ると、突起があるのがわかった。しかも2列。これは、紛れもなくカーリーフライだ。


「ビンゴです！　ありました！」

対岸で転石を探している唐沢さんに向かって思わず声を上げた。

結局、その地層からはノジュールを4個ほど掘り出し、別の場所ではそれと思わしき化石を唐沢さんとそれぞれ1個ずつ見つけ、上々の調査成果となった。一度の調査でこれだけ成果を上げられることはなかなか珍しい。成果を上げられたのは、岩崎くんがきちんとした記録と共に化石を収集していたおかげである。

化石クリーニング

調査で集めてきたノジュールのクリーニング作業を開始した。まずは、調査の現場で確認できた標本から、まず化石の周りを覆っている岩石を取り除き、次に「カーリーフライ」の巻きの芯にあたる部分に詰まっている岩石を取り除く。これには、圧縮空気で針を高速振動させて、その振動で岩石を砕く、エアチゼルという道具を用いる。歯医者で歯を削るのに使用するあのドリルみたいなものに近いイメージだ（歯医者に痛い思い出がある方、思い出させてごめんなさい）。

外側の岩石を取り除くのは、慣れればそこまで難しくないが、問題は「カーリーフライ」の芯の部分である。エアチゼルの針がどうしても届かなくてうまく削ることができない部分があるのだ。ではどうするか。

思い切って化石本体を割り、パーツごとに個別にクリーニングし、最後にくっつけるのである。化石をタオルで包み、殻の部分には直接ハンマーを当てないように岩石部分に衝撃を加え、割る。この時に、分割された化石の破片をすべてとっておく、というのが重要である。分割しても、破片さえ残しておけば、ちゃんと復元することができるのである。

また、どんなに分割しても欠損さえしなければ価値は下がらない。とはいえ、保存状態によっては修復不可能なほど細かくなってしまい、欠損部分ができてしまうこともあるので、化石の状態をよく見極めて、適切な方法を選ぶ必要がある。

もちろん分割せずにクリーニングを完了させるに越したことはないが、分割させずに完了することを目指しても、クリーニングを進めていく中で、振動により自然と割れてしまうことも多く、異常巻きアンモナイトのクリーニングでは、結局ほとんどの場合で最終的に一度は分割している気がする。

また、殻表面にある突起の細かい部分などは衝撃で粉々になってしまいやすいので、手をつけるのは後にした方が無難である。また、破片を飛ばしてしまった時に探しやす

分割クリーニングの様子。

いように机周りや床をきれいに掃除しておくというのも意外と重要だ。

調査で得たノジュールからは5つのカーリーフライを新たに取り出すことができた。他にも、博物館の常設展に別の種類として長らく展示されていた標本のうちのひとつが、実は今回のカーリーフライと同じ特徴をもっていることがわかった。その化石は、昭和期に個人コレクターから購入した標本らしいが、幸いにも採集地点がある程度記録されており、今回化石を得たのと同じ川で採集されたものだということがわかった。

標本がそろってきたので、改めて標本の特徴を観察し、既存種と比較してみた。新たに得られた化石は、いずれも螺環径（らかんけい）が大きく、岩崎くんが最初に集めた2つよりも成長が進んだ個体の化石であった。それらの化石から、隙間を作りながら緩やかに巻いたカーリーフライ状の形や2つの突起列の位置などが、成長しても変わらないことがわかった他に、成長の後半には、肋（ろく）が発達し、突起の数も2つから最大4つに増えること、巻きがそれまでの螺旋（らせん）から若干逸（そ）れて、上を向くことなどもわかった。

成長の初期から後期までの殻の形がよく理解でき、どの成長段階を見ても、既存の2種、ノドサム種とミオチュバキュラータム種の形とは一致しなかった。新種であることはやはり間違いなさそうである。

古生物学者は化石カメラマン？

化石のクリーニングが完了し試料がそろったので、論文を書くステップに進むことにした。まず行なったのは標本の写真撮影である。論文に掲載する写真は、読者に標本の特徴を伝える、とても重要な要素である。文章だけで化石の特徴を説明しても限界はある。新種がどんな形をしているかどうかは、写真を見せるのが手っ取り早く、確実なのである。なので、化石の研究者には、カメラマンさながらに化石標本の撮影にかなりこだわる人も多い。きれいに撮影された標本写真は惚(ほ)れぼれするような美しさがある。僕もできる限り、良い標本写真を論文に載せたいと思い、いろいろ試行錯誤して撮影している。

はじめに、標本を撮影する際にはホワイトニングという作業を行なって、化石全体を真っ白に化粧する。なぜ、わざわざ化石を真っ白にするかというと、化石の特徴を説明する上で化石そのものの色はまったく関係ないからである。化石になる過程で、元々の色や模様の情報はほとんどの場合失われており、別の色に変わっていることがほとんどである。また、色の変化もまばらだったり、殻が剥がれているところだけ色が変わっていたりして、そのままの色だとむしろ化石の特徴がわかりにくくなってしまっていることもある。そのため、意図的に、化石の色や模様の情報を落として、形の特徴に注目してもらうのである。

ホワイトニングにはいくつか方法があるが、僕は塩化アンモニウムを熱して気体にしたものを化石に吹き付けてコーティングするという方法をとっている。作業自体は単純だが、塩化アンモニウムが満遍なく化石を覆うように心がけ、厚化粧にして細部の特徴を潰してしまったり、コーティング後にうっかり触って指紋をつけてしまったりしないように気をつける。ちなみに、コーティングは、水で洗えば簡単に落ちるので、撮影が終わったら化石の色は元通りだ。失敗した場合も水洗いして乾かしてからやり直せばいい。

余談だが、世界一まずい飴(あめ)として知られるフィンランドの「サルミアッキ」の原材料には塩化アンモニウムが含まれているらしい。手に付着した塩化アンモニウムがうっかり口に入ってしまったことがあるが、しょっぱいような、すっぱいような、舌がしびれるような……他に味わったことがないような、かなり独特な風味であった。サルミアッキを食べたことはないが、世界一まずいとも言われることに納得の一方で、どこかクセになりそうな気配も感じた。まずいまずいと言われながらもずっと存在していることにも理由がありそうだ。

ホワイトニングの前にブラックニングという作業を行なう場合もある。黒く塗った後に白く化粧をした方が、陰影がよりはっきりしやすい。しかし、これには難点があり、ブラックニングに使用する油墨(あぶらずみ)は水で簡単に落ちないので、化石が真っ黒になってしまう。それでは展示に向かなくなってしまうので、僕は大抵ブラックニングはせずに、ホワイトニングだけを行なう。

納得のいくホワイトニング処理ができたら、いよいよ撮影だ。暗室で照明を一方向からのみ当てるが、光源は標本の左上と決まっている。光源の位置が決まっていないと、世界中の研究者が写真から化石を立体的に想像する際に、混乱してしまうためである。

できるだけ被写界深度が深くなり、広い範囲にピントが合い、ボケができないように、絞り(F値)を大きく設定する。この設定に合わせて、十分な光量を確保するためにシャッタースピードを長めにする。シャッタースピードを長めに設定し、手持ちで撮影をするとブレてしまうので、カメラを複写台に固定し、リモコンで操作をする。

それでも全体に完璧にピントが合わない場合がある。そんな時に登場するテクニックが深度合成である。これは、ピントが合っている範囲を少しずつずらした写真を複数枚撮影し、コンピューター上でピントが合っている部分を抽出して合成する方法だ。合成自体は、専用のソフトが自動で行なってくれるが、いざ合成すると、どこかに歪(ゆが)みが生じてしまったり、ピントが足りていない部分があることがあり結構難しい。

化石の形をより立体的に伝えるためには、ひとつの標本を複数方向から撮影したものを論文に掲載するのがベストである。今回の場合は8標本に対してそれぞれ4方向、合計32カット納得のいくものを用意した。練り消しで標本を固定し、ホワイトニングし、ピントを少しずらして数枚撮影して、合成して。クオリティに満足がいかなければ、最初から繰り返した。

今思えば、論文に掲載される写真の解像度には限界があるので、カメラから標本までの距離を離し、できるだけ満遍なくピントが合うようにした上で撮影するという妥協をしても良かった。しかし、この時は良い写真を撮ることに躍起になっており、冬期で博物館の業務も落ち着いていたこともあって、数週間かけてかなりじっくり撮影を行なった。

後日談になるが、自分のコンピューター上では、満足のいく写真になっていたはずなのに、論文に掲載され印刷されたものを確認すると、なんだか陰影がやや弱まって全体が少しノペッとしてしまっていた。提出時のカラーモードの設定とファイル形式が適切でなかったようであった。あの苦労は一体……。

しかし、どれだけこだわったらどれほどのクオリティの写真が撮れるのかがわかったし、深度合成のやり方も習得できた。そして、同じ号に掲載された別の論文（陰影がはっきり、くっきりした標本写真が掲載されている）の著者・村宮悠介（むらみやゆうすけ）さんに、提出版の画像データをお手本としてもらうことができたので、この反省は次回の論文に活かしたい。すべての失敗は成功のための布石である。

論文の執筆

2019年の年明け頃から、論文の本文の執筆を開始した。新しい標本の報告、分類群の提唱の論文の構成はだいたい決まっている。

「1. 導入」では記載する分類群に関係するこれまでの研究をまとめ、続く「2. 層序について」で、標本の産出地点の地質について、地層の岩石などの特徴や年代について述べる。「3. 古生物学的記載」がもっとも大切で、新しく発見された標本にはどんな特徴があるか、他の種とどこが異なるかなどを述べる。本文の最後の「4．議論」では、今回の発見からどんなことがわかったのかについてさまざまな視点から語る。大まかには、このような流れだ。

通常の科学論文の基本構成は導入、試料・手法、結果、考察であるが、分析等を行なっているわけではないので、手法や結果という項目の代わりに標本の観察事項と比較を記述する「古生物学的記載」の項目がある。ちなみに、世界中の研究者が読めるように、英語で書くのが基本である。

1〜3は、研究史や観察事実をありのままに語っていくので、そこまで苦労しない。少し手間がかかるのは、「4．議論」である。この項目が、もっとも古生物学者の技量が試されるのかもしれない。

今回の発見から何が語れるのだろうか。新種も含めたエゾセラスはすべて白亜紀後期コニアシアン期（約8980万年前〜8630万年前）の地層から産出しているが、細かく見ると、コニアシアン期は前期・中期・後期に分かれ、エゾセラスの各種は出現する時代が少しずつ異なることがわかった。ノドサム種は前期・中期・後期のいずれからも報告があり、ミオチュバキュラータム種は後期のより新しい時代から報告されている。そして、今回の新種は、後期のミオチュバキュラータム種よりもやや古い時代から見つかったことがわかった。おそらく、それぞれの生存期間に被りはありつつも、ノドサム種→新種→ミオチュバキュラータム種の順番で登場する可能性が高いことがわかった。もしかしたら、短期間で進化し、殻形態を変化させていたのかもしれない。

ちなみに、エゾセラス属だけでなく、同じ時代の地層から見つかる他のアンモナイトにも注目すると、正常巻きアンモナイトは広い地理的分布をもつ種類が比較的多い一方で、異常巻きアンモナイトは比較的地理的分布が狭く、日本付近からしか見つかっていない種類が多いような傾向にある。エゾセラスは1977年に北海道で初めて発見されて以来、日本国外からは発見されておらず、他の異常巻きアンモナイトと似た傾向である。もしかしたら、この辺りだけに生息していて、この場所で進化したのかもしれない。

正常巻きと異常巻きの違いはなぜ生じているのだろうか。今回の発見からその謎を解くには至らないが、この地域に特定的に生息していた可能性のある新種を報告することは、この時代、この地域のアンモナイト群集全体の特徴、生態系の把握に向けた小さな一歩にはなるはずだ。

最後の詰め、タイプ標本の確認

原稿はほとんど完成した。著者は、僕、調査を共に行なった唐沢さん、最初に標本を得て地質調査データを提供した岩崎くんの3人だ。

後は英文チェックを受けて雑誌に投稿するのみだが、新種であることをより確実にするために、これまで先行論文の写真から形態を把握していたタイプ標本の実物をこの目で確かめることにした。

エゾセラス2種のタイプ標本が保管されている九州大学総合研究博物館を訪れた。既存2種のタイプ標本の実物を見て、今回の新種とは明らかに異なることを確信した以外に、ひとつ重要な発見があった。ノドサム種として記載されていた標本のうちひとつ（パラタイプ）が、ノドサム種ではなく今回の新種と同じ特徴を有していたのである。その標本は1977年の記載論文では図示されていなかったため、論文を読んでいただけでは気がつけなかったのである。

記載した松本達郎先生は、なぜその標本をノドサム種としていたのか。記載論文を読むと、カーリーフライのように緩く巻いた形態を含めて定義したというわけではなさそうだった。

実は、その標本は「アンモナイト本体」ではなかった。アンモナイト本体は失われていて、アンモナイトの殻の跡が母岩の泥岩ノジュールに残っているという状態の標本だったのである。例の「本体でない型」標本は、たしかに一見すると、元々そこにノドサム種がいたような跡に見える。しかし、標本にシリコンを押し当てて、型をとってみると、それは今回の新種と同じく、巻きが緩く完全に解けていた。

アンパンマングミで例えるなら、アンパンマンのグミ本体ではなく、グミを取り出した後のプラスチック型の方が「アンパンマングミ」として標本登録されていたような感じだ。ちなみに、ルール的には問題ない。プラスチック型ではアンパンマンに見えたが、そこにシリコンを当てて型をとってみたら、実はそれはアンパンマンではなくて、別の種類のキャラクターであるメロンパンナちゃんだった、みたいな感じだ。顔の形、似てるからね。それはそれとして、アンパンマングミはおいしいし、付いているオブラートを破らずにグミを型から取り出すのがなんかクセになる。

最終確認的な意味合いでの標本観察であったが、思わぬ収穫であった。やはり実物を見てみないとわからないこともある。

遠くても、博物館に足を運んで自分の目で観察することを怠ってはいけないことを改めて痛感した。

査読

九州大学で見つけた「本体でない型」標本の記述と、その標本に押し当てて作ったシリコンレプリカの写真を加え、英文校閲を受けて完成させた原稿を、2019年の4月、おなじみの雑誌パレオントロジカル・リサーチに投稿した。

投稿して終わりではない。これから「査読」が待ち構えている。査読とは一言で言うと論文の審査のことである。これまでのエピソードではあまり詳しく語ってこなかったが、縫合線の論文も、ユーボストリコセラス・ヴァルデラクサム（*Eubostrychoceras valdelaxum*）の記載論文も、ハイファントセラスの系統を論じた論文も、査読を経て掲載されている。査読は、論文の価値に客観性をもたせるために行なわれ、複数名（2〜3人ほど）の専門家が内容を詳しくチェックする。

極端なことを言うと、もしも査読を受けずに、どんな論文でも雑誌に掲載することができたら、論理的に無理のあるトンデモ論でも公表できてしまうことになる。査読は、適切な論考が行なわれているかを確認し、問題があれば程度により修正を行ない、掲載にふさわしい論文に向上させる重要なプロセスである。

僕がこれまで書いてきた論文は、査読のプロセスでページ丸ごとに大きなペケがつけられたり、ほぼ書き直しレベルの修正を施したりしながら、大いに改善されて日の目を見た。それぞれの論文が改善されただけではなく、実は査読を通して論文の書き方を学んできたようなところすらある。これまでパレオントロジカル・リサーチに投稿した3本の論文を査読してくださった先生方のご指導により、僕はまともに論文が書けるようになれた。

前田晴良（まえだはるよし）先生をはじめとして、いつも論文を隅々まで細かくチェックしていただき適切な助言をくださる先生方に、この場でひっそりと感謝の意を述べたい。

査読コメントには、できる限り有意義なデータの議論により学問が進展していってほしいという査読者の願いがこめられている。その言葉が表面的には厳しい批判に映ったとしても、いつしか落ちこまなくなった。それは、僕と査読者の目標は、できるだけ良い研究成果を公表したいということで一致しているということに気がついたからだ。査読に限った話ではなく、議論とはそういうものなのだが、学問の上では全員が対等である、という極めて大切なことを僕は査読から学んだのかもしれない。僕にはまだ査読の依頼がきたことはないが、回ってきたらその時は手加減なしだ。それが学問に向かう人間の礼儀というものだろう。

投稿したカーリーフライの原稿は、2ヶ月ほどで戻ってきた。以前のように、大部分を抜本的に書き換えるような大きな修正の要請はなかった。自分自身の成長を実感できたような気がし、手応えを感じた。

指摘された事項のうち、やや大きな要修正項目として、文章の記述と標本写真だけでは殻の形や表面装飾の成長変化の詳細がよくわからないので、これを説明するような模式図を追加せよという指摘があった。

特徴を示すことさえできれば、シンプルな線画とか実際の標本写真を並べて必要事項を書きこむとか、なんでも良かったのかもしれないが、せっかくなので古典的でかっこいい点描画を描いてみたくなってしまった。これも経験だ、いっちょやってみるか、と思い、点描画用のペンを購入し、見様見真似で描き始めてみた。

点描の密度で色の濃淡をつけて殻の立体感を表現するのは結構難しく、毎晩描いてはボツにしを繰り返し、30枚目くらいでようやく掲載に耐えられそうなイラストが出来上がった。描いているうちに欲が出てきてしまい、新種だけでなく、既存種を含めた産出層準を示すための図にも、それぞれの種のイラストを添えたくなり、ノドサム種とミオチュバキュラータム種の模式図も用意することにした。論文に図を添えてみると、たしかに文章だけで特徴を示すよりも断然伝わりやすくなった。

このように、指摘されたこと以上にこだわってしまったことにより、修正稿の再提出に時間を要してしまった。しかし、こだわった甲斐があったのか、査読者から適切に修正されている上に努力が感じられると評され、その後の審査はスムーズに進み、数回の小修正を経て、2019年11月に論文が受理された。受理の連絡を受けたのはある飲み会の最中だったが、うれしさと解放感でつい飲みすぎた。

カーリーフライに名前をつける

さて、これまでカーリーフライと呼んできた今回の新種にどんな学名をつけたのか、まだ書いてなかった。学名は論文の投稿ギリギリまで結構迷った。

ユーボストリコセラス・ヴァルデラクサムの時は、殻形態の特徴を示すような学名としたが、今回はどうするか。クリーニングをしながら思ったことが2つあった。1つ目は、6巻きもある一番保存状態の良い化石をクリーニングしながら、緩く大回りに巻いた殻が優雅だなと思ったこと。2つ目は、分割したパーツを見ながら、螺環の下側に並んだ2つの突起列が足みたいに見えてイモムシみたいでかわいいなと思ったことである。

「優雅」と「イモムシ」にあたるラテン語を調べると、それぞれ「elegans（エレガンス）」と「larua（ラールア）」らしい。迷ったが、ファーストインプレッションを大切に、学名は「優雅な蝦夷地のアンモナイト」という意味のエゾセラス・エレガンス（*Yezoceras elegans*）とした。

学名は、種を区別し、多様性を把握するためにつけるものなので、違いが示せれば、極端な話、「イチ」でも「ニ」でも良い。しかし、生物に学名をつけるというのは特別であり、責任を伴うことだと思う。つけた学名は、自分が死んだ後もずっと残り、その名前は多くの人々に呼ばれ続ける。親しみをこめて呼んでもらえるような名前をつけてあげたい。

とはいえ、古生物自身にとっては、自分自身が死んでから数千年経って、人間とかいう別の生き物に勝手につけられた名前なんて、きっとどうでもいいだろう。そういう意味では、どう思ってどんな名前をつけるかは、完全に人

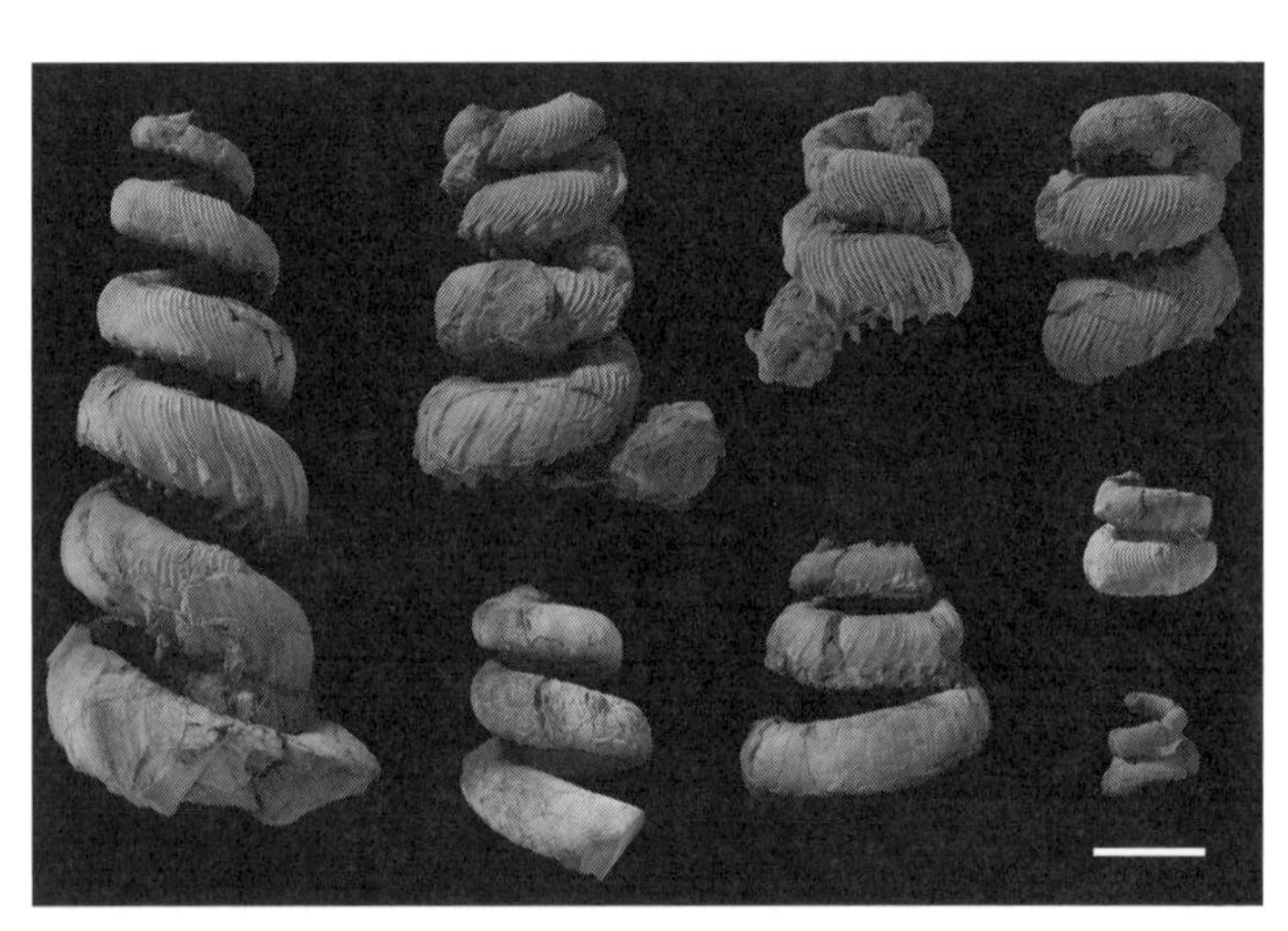

エゾセラス・エレガンスとして新種記載した8つの化石。スケールバーは2cm。(所蔵:三笠市立博物館)

間のエゴである。しかし、エゴだろうが、できるだけ素敵な名前をつけたいのだ。

エゾセラス・エレガンスを描いてみる

論文が受理されてから掲載されるまでの1年1ヶ月ほどの間、論文が出版された際の博物館でのプロモーションについて考えていた。

博物館で研究をやるからには成果を展示や普及活動につなげてこそ、というのが僕のポリシーだ。論文の発表に合わせて、小規模でもお披露目のための展示会を開くことは決めていたので、その展示構想を考えていた。その中で、今回はどうしてもやってみたいことがあった。自分で復元画を描いて、それを展示するということである。復元画は、生きているすがたのイメージを効果的に伝えることができるし、展示栄えもする。そして、きっと報道的にも化石の写真だけよりもウケが良いはずだ。

絵を描くというのは愛情表現のひとつだと思う。僕は大好きな恐竜、昆虫、ポケモンの絵をたくさん描いて成長してきた。今回は、自分が見つけた大好きなエゾセラス・エレガンスを描きたいと思った。以前のように田近さんや他のイラストレーターの方に依頼をするという選択肢もあったが、何より、今回は自分たちが明らかにした新しいすがたのアンモナイトを中心に据えた白亜紀の海中風景を想像し、自分なりに表現してみたかったのである。

絵を描いたのは、ちょうど新型コロナウイルスが本格的にまん延してきた頃だった。パンデミックを経験するのはもちろん初めてで、正体のわからないウイルスそのものが怖くてしょうがなかったし、博物館の仕事でも温めてきた特別展が延期になるなど大きな影響が出ていた。なかなか先が見通せない中、夜な夜な不安な気持ちを落ち着かせつつ、復元画をお披露目する日をイメージしながら、白亜紀の海中に浮かぶ不思議なアンモナイトのすがたに思いを馳せ、それを表現することで前向きな気持ちを保っていたのかもしれない。

エゾセラス・エレガンスの生態復元画。(著者作)

アンモナイトの本体

少し話が逸れるが、復元画に関連して、アンモナイトの軟体部について説明しておきたいと思う。

基本的には、アンモナイトの軟体部分は死後速やかに腐ってしまい化石として残らない。しかし、ここ数年でアンモナイトの軟体部の痕跡と思われる化石が2例報告されている。

2012年にバキュリテス類という棒状の殻をもつアンモナイトの軟体部と思われる化石がドイツで発見された。その化石には、口の両脇に眼のような痕跡があり、内臓にあたる場所にも胃や食道の痕跡が確認された。眼の痕跡はそれなりに大きく、この発見によりアンモナイトの眼球はそれなりに大きかったのではないかと推測された。

2021年には、同じくドイツで、殻がない状態の軟体部だけのアンモナイトの化石が発見された。こちらは、眼や内臓の他、太い漏斗も確認された。これらの発見によりアンモナイトの軟体部の特徴が以前より鮮明にわかってきたが、腕（イカで一般的に「足」と呼ぶ部分）は発見されておらず、アンモナイトの腕の数は正確にわかっていない。

しかし、現生オウムガイの発生過程を観察した研究により、アンモナイトの腕の数が推測されている。オウムガイの腕は最大で90本ほどになるが、卵の中で発生が始まった段階では10本のみで、これが分岐して本数が増えるということがわかった。なお、このうち4本は「頭巾」に変化する。発生の初期に10本というのが重要である。

イカの腕はご存知のとおり10本であり、オウムガイの腕の発生も10本から始まるということから、頭足類の腕の基本数は10本であると考えられ、その基本数からオウムガイのように増やしたり、タコのように減らしたりしていると考えるのがもっとも合理的であるわけだ。さらに、アンモナイトは系統的にはオウムガイとイカに挟まれるので、これらが共有している特性はアンモナイトも有している可能性が高い。

系統的に挟まれる生き物がその両脇の特徴をもつという考え方を「系統ブラケッティング法」という。ラジオ番組子ども科学電話相談で、「恐竜のお肉はおいしかったの？」という質問を受けたダイナソー小林こと小林快次先生が「トリ肉はおいしく、ワニの肉もおいしいので、トリとワニに挟まる恐竜もきっとおいしいと思う。こう

アンモナイトの模式的な復元画。（著者作）

いう考え方を系統ブラケッティングと言います」と回答していた。この回答に感動した僕はダイナソー小林に一生ついて行くことを心に誓った（？）。

ということでアンモナイトの腕は10本であると考えるのがもっとも無難、というのが現時点での結論である。

また、2021年にはスカファイテス類というアンモナイトの腕のフックが見つかった。イカやイカに近い絶滅頭足類ベレムナイトもフックをもつが、その起源は異なるそうで、今回見つかったフックはアンモナイトが進化の中で独自に獲得したものらしい。しかも、発見されたのはアンモナイトの進化史の中でも、かなり後の方の時代の種類であるため、アンモナイトがどの段階でフックを得たのかわからず、すべての種類のアンモナイトがフックをもっていたとは言い切れない。

ちなみに、アンモナイトの復元画には、しばしばオウムガイにあるような頭巾が描かれることがあるが、頭巾があった証拠はない。一部のアンモナイトでは、巨大化した顎器を蓋のようにしていたという説があるが、これは推測の部分が大きい。また、タコの祖先の化石などでは墨袋の痕跡が見つかっている一方で、同じ地層のアンモナイトからは見つかっていないことから、墨は吐かなかったと考えられている。

エレガンスのお披露目

2021年1月1日、論文が発行された。しかし、1月1日は元日であり、博物館も休館日である。この日に博物館から新種発見のお知らせを出しても、自分自身対応が難しいし、それ以上に記者さんは取材に来てくれないだろう。なので、論文が出てから少し時間を空けて記者発表を行なうことにした。元日は、ウェブ公開された論文を確認しながらひとりで静かに喜びを噛み締めていた。

1月13日にプレスリリースを博物館のウェブページ上で公開した。新聞社数社とテレビ局が取材に来られ、お披露目は大成功だった。新聞や各種ネットメディアでも報じられたが、復元画をトップ写真に使用するメディアが多く、僕の復元画は大活躍をした。あるタイミングで共同通信が報じたことにより、ニュースは全国規模でさらに広がり、ついには国内にとどまらず、海外でも翻訳された。新種の古生物が発見されること自体は、実はそこまで珍しいことではない。ここまで広く話題にしてもらえたのは、奇跡かもしれない。

論文とプレスリリースの復元画は大学院生時代にお世話になった間嶋先生も見てくれていた。2月にオンライン開催された古生物学会の例会は、年度末で退官する間嶋先生が長年勤めた横浜国立大学がホスト校になっており、オンライン懇親会の冒頭では「間嶋先生によるミニ最終講義」が突如として開催された。横浜国立大学の歴史を振り返る中で、活躍している近年の卒業生としてエゾセラス・エレガンスの復元画と共に僕の研究を紹介してくださった。「相場さんは、数学科からうちにやってきて、最初はどんな研究をやるのか？と少し不安に思いながら見守っていたが、ゴリゴリの分類屋になってくれました。最近異常巻きアンモナイトの記載論文を発表して、こんな素敵な復元画もご自身で描いている」と。

博士論文の予備審査では「出直してこい！」と言わんばかりの強いお叱り（しか）りをいただいたりと、在学中は間嶋先生から厳しい指導を受けることもあった。間嶋先生に褒められたのはもしかしたらこれが初めてかもしれない。卒業後も遠くから活躍を見ていてくれていたのが本当にうれしく、しかも研究内容を評価してくださっていることは感無量であった。ZOOMは録画禁止だったのだが、その場面はしっかりと脳に焼き付いている。本来は、横国大古生物学教室の門下生のひとりとして間嶋先生の退官をお祝いする立場なのに、逆に元気付けられてしまった。ちなみにその後の懇親会は、間嶋先生にお褒めいただいたことがあまりにうれしすぎてつい飲みすぎてしまい、パソコンの前でひとり酔いつぶれてしまった。お約束である。

研究にゴールなし

新種を記載して、それで研究は終わりではない。むしろ、存在を明らかにし分類して命名することはスタート地点で、そこからその先の研究が始まるのである。

僕の心の中には「のびのび進化」という仮説がある。そう、博士論文の予備審査で先生方から酷評をいただき、まだ論文として公表するに至っていない「のびのび進化」だ。今回の研究で推定したエゾセラスの系統も、全体の傾向で見ると、やっぱり「のびのび進化」なのだ。これはやはり何かの偶然ではない気がする。生態学的にそれは何を意味するのだろうか。殻が伸びた方が何かしらの場面において有利に働いたのだろうか。殻が伸びるほど泳ぎにくくなる気がするが、それを上回るような利点が何かあったのか。

実は、これに関してひとつ仮説がある。いろいろな可能性がある中で、もっとも矛盾がなく説明できると思っているのだが、仮説の裏付けを得るに至っておらず、今はまだ秘密にしておきたい。いつか査読を受けた正式な論文で説が提案されるのを楽しみにしていてほしい。

殻が伸びるのはなぜなのかを考えつつ、他にもやることがある。まだ系統関係の構築は完璧ではなく、産出時代にギャップがあるものもある。新しい化石の発見により、産出レンジが更新されて、種の出現順序が入れ替わる可能性もないとは言い切れない。

また、まだ厳密な産出層準や産出順が調べられておらず、系統関係を推定できていない分類群がある。もっといろいろな異常巻きアンモナイトについて、それらの形や生息年代、生息場所などといったプロフィールを詳しく知る必要がある。これまでに調べたユーボストリコセラス、ハイファントセラス、エゾセラスの3系統がたまたま伸びただけで、もしかしたら、他の系統はそんなことなかったりするかもしれない。

アンモナイトの進化や生態の全貌を語るには、まだまだ知らないことが多すぎるのである。

白亜紀の海の中に浮かぶ奇妙な殻をもつアンモナイトたちに思いを馳せながら、今日も化石と地層に向き合うのであった。

裏面の大冒険：ポケモン化石博物館

生まれて初めて買ってもらったゲームソフト『ポケットモンスター 赤』で、手持ちのポケモンがファンファーレと共にレベルアップして「しんか」したことで大幅にパワーアップし、これまで苦戦していたジムリーダーのポケモンを余裕で倒し、ジムバッジをゲットできた、という経験がある。

エゾセラス・エレガンスの記載研究はかなりスムーズに進行したと思う。

それは、きっかけとなった最初の標本の産地情報がしっかりあったというのが大きい。岩崎くんありがとう。その上で、僕自身も博士号を得た際に文字通りレベルアップしていて、これまで苦労していた論文執筆も、査読も、余裕をもって対処できたためかもしれない。

それはそれとして、僕は博物館の学芸員だ。研究以外にもさまざまな業務がある。実はエゾセラス・エレガンスの記載研究を坦々と進めていた裏で、ひとつ大きな仕事を進めていた。それが、「ポケモン化石博物館」の巡回展プロジェクトだ。

展示の制作と研究は一見まったく別物のように思うかもしれないが、僕は、常に展示することを意識しながら研究をしているし、実際に研究をしたから作ることができた展示も多いので、実は表裏一体の関係である。そして、それは「ポケモン化石博物館」も例外でない。研究をする僕と展示を作る僕は、合わせてひとりの学芸員である。

僕にとっての冒険は、研究だけじゃなかった。最後にお話しするのは、そんな、もうひとつの展示に関する冒険である。

〝カーリーフライ〟を探しに行っていた2018年の8月。僕はその2年後、つまり2020年の夏に開催する予定の展覧会の内容を考えていた。当時開催していた特別展「せいめいのれきし」は絵本『せいめいのれきし（改訂版）』に登場する古生物の化石を絵本の挿絵と共に展示するもので、僕の幼少期の嗜好から着想を得て企画したものだ。そのため、展示会のヒントを求めて、同じように幼少期の記憶をたどっていた。

僕がこどもの頃好きだったもの。こどもの頃に見たかった展示。一体なんだろうか。考えながら、無意識にスマホで「ポケモンGO」のアプリを開き、出現したポケモンにボールを投げていた。2016年のリリース以来、僕はポケモンGOにどハマりしていた。特定のポケモンがたくさん出現するコミュニティ・デイには、たとえどんな調査日和でも山に行かず、ひとり札幌に繰り出し、「メリープ」や「ヨーギラス」を捕まえまくっていた。

思い返すと、こどもの頃から「ポケモン」が大好きだった。小学校1年生の時に友達のうわさで存在を知り、小学校2年生に上がった時に始まったアニメでハマり、両親に頼んで8歳の誕生日にゲームボーイソフト『ポケットモンスター 赤』を買ってもらい、その虜（とりこ）になった。朝は昨晩放送のアニメの話をしながら通学路を歩き、休み時間は「ポケモン言えるかな？」をみんなで歌い、放課後はゲームボーイを片手に公園に集合し、公園のお向かいの駄菓子屋さんで20円のポケモンシールを買い、夜はお風呂で指人形で遊びながら長湯し、それから、小さなポケモンのぬいぐるみを枕の横に並べて眠りにつく。ポケモンと共にあった、幸せな8歳の一日が鮮明によみがえる。まさに、生活がポケモン一色だった。

ポケモンがこの世界にいることをいつも妄想していた。当時飼っていたクサガメのかめきちに「ハイドロポンプ」を覚えさせようとしたが、かめきちが覚えたのは「からにこもる」だけだった。ある時、植物図鑑を眺めていて、見覚えのある奇妙な植物を見つけた。世界最大の花をつけるラフレシアと食虫植物ウツボカズラだ。それぞれ、フラワーポケモンの「ラフレシア」とハエとりポケモンの「ウツボット」によく似ている。コロコロコミックの付録のポケモンのカタログと植物図鑑を見比べつつ、どこか遠い国の鬱蒼（うっそう）としたジャングルで、ひっそりと咲いているラフレシアとウツボカズラを想像して、心が躍った。ポケモンのような不思議な生き物がこの地球上にもいる。世界はまだまだ不思議であふれているんだ。架空の世界に存在するポケモンは、現実世界を眺めるきっかけになっていた。

ポケモンGOを遊びながら、ふと「ポケモン」と「現実世界の生物」、「化石」、「見比べる」というキーワードが頭に浮かんだ。ポケモンの世界には、「オムナイト」や「プテラ」といった、カセキから復元することでなかまになるポケモンがいる。それらのポケモンにすがたが似ている古生物を見比べて、古生物学を学ぶという展示はどうだろうか。その展示体験は、こどもたちにきっと楽しんでもらえるに違いない。

それから、半年ほどかけて、エゾセラスの研究と並行して、展示計画を立てた。アンモナイトの研究ももちろん楽しいが、ポケモンと化石の展示を考えるのは、ワクワクが止まらなかった。どんな解説を書こうか。どんな標本を展示しようか。「オムナイト」に一番似ているアンモナイトはどれだろう？　「プテラ」と比べる翼竜の標本は……そうだ、国立科学博物館が良いプテロダクティルスをもっていたな。

2019年2月、エゾセラスの論文を一通り書き終えたのとちょうど同じ頃、展示の企画書も出来上がった。これを株式会社ポケモンに提案しよう。でもどうやって？

こういう時に僕はあまり悩まない。正面から正々堂々と勝負するに限る。株式会社ポケモンのウェブページにある、企業用のお問い合わせフォームに、企画の概要を記入した。添付資料はつけられないので、短い文章でワクワクが伝わるように。そして、詳細な企画書を用意していることを添えて。展示会のタイトルも忘れずに。考えた中でもっともワクワク感がある「ポケモンかせきはくぶつかん」で行こう。ひらがなにすることでこどもに向けた展示であることがきっと伝わるはずだ。（展示会のタイトルは、その後ポケモン以外を漢字表記した「ポケモン化石博物館」となった）

「詳しくお話を聞かせてください」

企画はちゃんと株式会社ポケモンに届いた。返事をくれたのは、同社のアートディレクターの服部悦哉さん。服部さんは後にこの企画に出会った時のことを振り返り、「展示企画のメール、そこに書いてある『ポケモンかせきはくぶつかん』という言葉の響きに何かピンとくるものがあった」と話していた。

展示の具体的なイメージが伝わるような詳細な企画書を用意し、服部さんに送った。自作の展示室イメージの絵コンテや、展示物の配置図などの画像、そして「ゲームの中でカセキポケモンに出会ったこどもたちが、現実世界の博物館で化石に出会う」というキーコンセプトなど、頭の中にある構想をふんだんに盛り込んだ。服部さんは、「とてもワクワクする企画ですね。ぜひ、北海道だけではなく、全国のこどもたちに楽しんでもらえるものにしたい」と言った。こうして、「ポケモン化石博物館」巡回展示プロジェクトがスタートした。

4月。僕はエゾセラス研究の仕上げと今後の研究の地盤を固めるために、およそ1週間かけて、茨城県の国立科学博物館（筑波研究施設）、東京都の東京大学総合研究博物館、福岡県の九州大学総合研究博物館をめぐり、保管されている重要なタイプ標本を見て回り、データを集めることにした。

実は、標本調査旅行の日程の中に、株式会社ポケモンと国立科学博物館（上野本館）に訪れて、「ポケモン化石博物館」について打ち合わせする予定をしっかりと組みこんでいた。筑波にある国立科学博物館の研究施設で「ムラモトセラス」などの写真を撮影した後、つくばエクスプレスに乗って東京に向かい、その足で六本木の株式会社ポケモンへ。六本木ヒルズの高層ビルを前に、僕は『ポケットモンスター 赤・緑』で、悪の組織に乗っ取られてしまったシルフカンパニーという会社に潜入して、ボスを倒すというイベントを思い出していた。ポケモン社のオフィスがあるフロアに行くと、ゲームの潜入イベントの途中で、シルフカンパニーの社員から預かってほしいと託されるポケモン「ラプラス」の大きなぬいぐるみが置いてあり、思わず気持ちが高まった。

もっとも、今回のミッションは悪の組織のボスを倒すというような話でなく、展示企画についてプレゼンをすることだ。席につき、「では、今回の企画についてお話しください」という服部さんの言葉で僕は現実に引き戻された。服部さんの他、新井賢一さんが対応してくださった。企業に何か企画を持ちこんで説明するというのは初めてのことで、とにかく緊張し、十分にできていなかった気がするが、服部さんは、「今回の展示企画は株式会社ポケモンの社是に合致している。また、こどもたちのために事業を行なうプロジェクトが始まったばかりで、その理念にも合っている」ということを話してくださり、展示企画の実現に向けて、さまざまな視点から一緒に検討してくださった。展示の実現に向けてはいろいろな現実的な課題があり、その解決策などを提案することが僕に求められていたはずだが、展示の話を進めていると、どうしても夢が広がってしまい、展示で披露するアートワークなどに話が脱線してしまった。ちなみに、サイエンスイラストレーターのG．Ｍａｓｕｋａｗａさんにポケモンの骨格想像図を描き下ろしてもらうというのは、この時の打ち合わせで出てきたアイディアであった。夢広がりがちな打ち合わせにしてしまったことを反省しつつ、僕には、服部さんも新井さんもどこかワクワクを隠しきれていないように見えた気がした。

次の日は東京大学総合研究博物館で「ネオクリオセラス」などを観察してから、歩いて上野に向かった。上野公園は桜が満開だった。CT撮影のために訪れた日から約7年。考えてみると、国立科学博物館に来る時はいつも新しい何かが始まる時でワクワクした気持ちだ。

話は少し遡り、2月にポケモン社とやりとりを開始した時のこと。前年の特別展「せいめいのれきし」でお世話になった国立科学博物館の濱村伸治さんに巡回展について、一通り説明をしたところ、濱村さんから「具体的に検討を進めることを4月まで待ってほしい」と言われていた。訪問してその理由がわかった。国立科学博物館では、年度が変わって新しい部署が発足していた。「科学系博物館イノベーションセンター」という。濱村さんは新部署の長に就任した池本誠也さんを紹介してくださった。池本さんは、「科学系博物館」とは国立科学博物館のことだけにとどまらず、全国各地の科学系の博物館のことも含んでおり、それらとの連携も視野に入れているということを説明してくれた。「相場さんのような地域博物館にいる学芸員と力を合わせて、『ポケモン化石博物館』のような素晴らしいアイディアを一緒に形にすること。それこそがまさに科学系博物館イノベーションセンターの役目です」と池本さんはニコニコしながら言った。「ポケモン化石博物館」の巡回展実現に向けた打ち合わせが終わり、科博を出ると、外はすっかり日が暮れていた。素晴らしい巡り合わせに感謝しながら上野を後にして、福岡行きの飛行機に乗りこんだ。

翌日から数日、九州大学総合研究博物館で標本観察を行なった。そこで、エゾセラスについて重要な発見をすることができた。168ページで語った「アンパンマングミ」標本についての話は、この時に観察した標本についてのエピソードである。

北海道に戻ってからエゾセラスの原稿を完成させて、4月のうちに雑誌に投稿した。ポケモン化石博物館のプロジェクトは、それから夏にかけて、ひとり、またひとりとなかまが加わった。6月には国立科学博物館の担当メンバーが確定し、株式会社ポケモンと国立科学博物館との3者で顔を合わせ、7月までには3地方の博物館の学芸員も加わり、決起会を行なった。8月にありがひとしさん（漫画家、展示会のイラストを担当）が参加してからは、月1回のペースでオンライン会議を行ない、展示内容の検討を進めた。さまざまな想像がイラストになり、発掘ピカチュウが登場して、グッズのアイディアが生まれ、展示会のイメージが加速度的に広がり、そして具体的になっていった。アニメ「ポケットモンスター」の主題歌「めざせ！ポケモンマスター」の曲中に「なかまをふやして次の町へ」という一節がある。こどもの頃テレビの中に見ていた、ポケモンマスターを目指してなかまを増やしながら旅を続ける主人公サトシの冒険を追体験しているような気持ちだった。

幸せだったのは、参加しているチームの皆が、本当に楽しそうに、幸せそうに見えたからかもしれない。服部さんをはじめとしたポケモン社のみなさんも、イノベーションセンターのみなさんも、学芸員のみなさんも、ありがさんも、全員がひとつの「おもしろい展示」を追求している。世に出る前に、すでにこれだけの参加者が楽しんでいる。展示が世に公開されたとしたら、一体どれだけの人がこの展示を楽しみ、幸せになるんだろうか。展示制作により一層、身が入った。実のところ、人と力を合わせて何かひとつのことを進めることの喜びを、この時初めて知ったと言っても過言ではない。

11月、秋は深まり、北海道ではすでに雪がチラついていた。エゾセラスの論文の方は査読の佳境で、展示の制作と頭を切り替えながら、原稿をブラッシュアップさせていった。論文の完成は近い。ポケモン化石博物館のプロジェクトの方では、展示する標本の選定のため、そしてポケットモンスターを開発しているゲームフリークの社員さんを交えた意見交換会のために、群馬と東京に来ていた。意見交換会は、展示会で披露するアートについてアドバイスをもらったり、僕からも少しだけ古生物学についてお話をさせていただいたりして、刺激に満ちた、大変有意義な会となった。意見交換の後は、六本木にある中華料理屋さんでの交流会へと続いた。その時に隣に座ったのが、ありがひとしさんだ。

今回の展示会のイラストを担当したありがさんは、児童書やポケモンカードのイラスト、ポケモンのデザインなど、広く活躍している漫画家さんだ。ありがさんはいろいろなお話をしてくれた。こどもの頃から恐竜が大好きで、ひとりで電車に乗って、上野に行き、恐竜の絵を描いていたそうだ。2013年に登場した「ガチゴラス」は、ありがさんがデザインしたポケモンで、そのすがたはティラノサウルスに似ているところが多いが、素晴らしいのは「羽毛のような毛」で王様の威厳を表現しているところだ。2013年は、一部の恐竜に羽毛が生えていたことがようやく浸透してきて、ティラノサウルスの祖先種にも羽毛の痕跡が確認され、ティラノサウルスにももしかしたら羽毛が生えていたかもしれない、と言われ出した頃だ。現実世界の古生物学研究の進歩と共に、ポケモンの世界に登場した「ガチゴラス」が僕は大好きだ。

ありがさんは、服部さんが誘って、チームに加えてくれた。服部さん曰く、この企画の話を聞いた時から、イラストは絶対にありがさんにお願いしようと思っていたとのこと。ありがさんを連れてきてくれた服部さんのこれ以上ないキャスティングに心から感謝したい。

実は、この会の最中に、エゾセラス・エレガンスの論文が受理された。スマホで受理のメールを確認してうれしさ極まり、ありがさんに「たった今、新種のアンモナイトの論文が受理されました！」と伝え、標本の写真を見せると、「へぇ！ 不思議な形のアンモナイトですねぇ」と興味を示してくれた。

ところで、読者の皆様は、「さっきから、なんでこんなにエゾセラスの話とポケモン化石博物館の話を交互にしているんだ？」と疑問に思うかもしれない。もう少しだけお付き合いください。

それからが少しだけ大変だった。２０２０年に入り、いよいよ展示会の実施に向けてラストスパート、と思っていた矢先の新型コロナウイルスのまん延である。延期の決定をするのは容易ではなかった。できるだけ早くみんなに展示を見てもらいたい気持ちと、得体の知れないウイルスへの恐怖。気がつけば、展示の内容を考えるどころではなくなっていて、展示会の実施をどうするか、延期するとしたらいつに延期するのか。秋か、冬か、来年か。その調整に追われていた。先が見通せず、めげそうになる僕を、国立科学博物館の久保匡さんは何度も励ましてくれた。

結局、1年後、2021年の夏に延期することを7月頃に決定し、展示制作を再始動させた。1年間の猶予ができたことで、展示会の構成や解説文、イラストの監修など、細部までこだわることができた。それまで白と黒のツートンカラーであるとされていた始祖鳥の羽はやっぱり黒らしいという研究論文が出版されて、一度白黒に色を塗ってもらった始祖鳥の復元画を黒色に文字通り塗り直してもらったりと、延期したことによる「怪我の功名」もあった。


当初から、展示会のクライマックスは研究の過去から未来への変遷を紹介するという内容だった。当初の構想では、古生物側では「過去～現在編」として、ティラノサウルスを例に恐竜の復元が研究により描き直されてきたことを示し、続いて、「未来編」として、DNAから古生物を生命として復活させるという話題を紹介するという内容だった。

しかし、この締め括り方について、実はあまりしっくりきていなかった。展示の最後に、未来の研究の可能性を見せるというのはいいとして、「古生物学の現在～未来」の題材がDNAからの復元ってどうなんだ？　実際にマンモスを復活させるというプロジェクトがあり、未来に向かって進められている研究のひとつであることは間違いない。でも、それは僕自身のリアルな研究内容ではないし、古生物学者が共有した古生物学研究の普遍的なゴールというわけではない。この展示で示すべき「古生物学の現在～未来」は本当にその研究なのだろうか？

これについて、2021年の1月にこれ以上ない納得の形で結末を迎えた。そのきっかけこそがエゾセラス・エレガンスの論文出版である。

新聞記者さんから今後の抱負を聞かれ、

「今回、ひとつ新種として発表することができましたが、実はまだ正体がよくわからない化石がたくさんあって、これから研究をさらに進めて、新種をどんどん発表していきたいです。」

と答えながら、気がついた。これこそが、僕にとっての古生物学のリアルな未来なのではないか。

大昔の世界に生きていた生き物をひとつひとつ発見して、その形や進化を明らかにして論文に記し、博物館に標本を残していく。そして、現在の先に見据えているのは、「すべての古生物を描き尽くす」という究極の未来だ。そして、今、僕が〝アンモナイト図鑑〟の1ページに、新種エゾセラス・エレガンスを加えたことは、その未来に向かって進めた小さな一歩である。展示の最後でエゾセラス・エレガンスを展示したら、「すべての古生物を描き尽くす」という遠い未来に向かって、現在の古生物学がたしかに歩みを進めていることが伝わる実例になるのではないか。

では、ポケモンとどのように対比させるか？　ポケモンの世界でも、新しい地域で見たことがない「カセキポケモン」が見つかったり、図鑑が更新されて新しい生態が明らかになったりしているじゃないか。実際に2019年に発売された『ポケットモンスター ソード・シールド』では、「ウオノラゴン」など、不思議なすがたをした4種のカセキポケモンが発見されている。ポケモンの世界でもカセキの研究は続いている。きっとこれからも続いていき、新しいカセキから、新種の「カセキポケモン」が復元されるだろう。

新しい種類を発見したり、生態などの謎を明らかにするということは、2つの世界に共通した「化石（カセキ）研究の未来」だ。「ポケモン化石博物館」の展示制作と、それと並行して進めてきた異常巻きアンモナイトの記載研究は、最後の最後で、思わぬ形で合流した。まるで示し合わせていたかのように、ピッタリとはまった。当初の公開時期（2020年の夏）には、エゾセラス・エレガンスの論文は出版されていなかったので、もしも展示会を延期していなかったら展示では紹介できなかっただろうし、そういう展示の締め括りにするという発想自体が生まれなかったかもしれない。

博物館で何かしらを研究し、展示を作る。研究成果はその展示の重要な構成要素になる。逆に、そうであるから、何かしらを研究する必要がある。もし、僕が研究をサボっていたら、岩崎くんがエゾセラス・エレガンスの最初の化石を見つけなかったら、「ポケモン化石博物館」は最後まで完成しなかった。研究をしていた当事者だから、「すべての古生物を描き尽くす」という「未来」を展示の最後に掲げることができた。

ポケモン化石博物館の最後のピースは、他でもない自分自身の古生物学研究の成果だった。

それから半年後の２０２１年7月、「ポケモン化石博物館」は三笠市立博物館で始まった。この日のことは忘れない。よく晴れた暑い日で、朝からお客さんが博物館の前に長い列を作った。三笠市立博物館の職員、ポケモン社のみなさんと、科博のイノベーションセンターのみなさん、豊橋市自然史博物館の一田昌宏（いちだまさひろ）さん、館内に開設したオリジナルグッズのショップの店員さん、ポケモンセンターから応援に駆けつけてくれた社員さん、そして発掘ピカチュウ。関係者総出でお客さんを出迎えた。

特別展を見て、常設展を見て、ショップで気に入った思い思いのカセキポケモンのぬいぐるみを買ってもらって、満足そうな顔で博物館を出て、敷地内の原っぱで、ぬいぐるみ片手にポケモンごっこをして遊ぶこどもたち。

服部さんは、「相場さん、夢が叶(かな)いましたね」と言った。展示企画を始めてから展示開催当日を迎えるまで駆け抜けてきたので、頭が追いついていなかったが、服部さんの言葉と共にその光景を前にして、「ポケモン化石博物館」が実現されたこと、古生物学とポケモンを通して誰かが幸せになっているという確かな現実を実感した。

なんだ、古生物学を研究する意味、ちゃんとあったじゃん。10年でやっとわかった。変な形のアンモナイトを研究したその先にはたくさんの人々の笑顔があった。

第5章
アンモナイトをめぐる冒険

間嶋先生の「講義」

大学院時代、夜に研究室でひとり作業をしていると、お隣の間嶋研究室で突発的に始まる飲み会に呼ばれることが度々あった。基本的にいつでも酒が飲みたい僕でも、どうしてもやらなくてはいけないことがある日は断ることもあった。間嶋研の先輩のお誘いを断ると、最終的には間嶋先生が来て、「研究なんていいから、ちょっと君も来なさい」と言われ、結局半ば強制的に参加させられるのであった。

間嶋研究室は大所帯で、卒論生から博士課程学生、ポスドクまで幅広い年齢層の人が所属しており、いつもにぎやかで楽しい雰囲気だった。間嶋先生は日頃から割と陽気だが(合同ゼミ時以外は)、酒を飲むと輪をかけて陽気になり、ガハガハと大声で笑う。僕は、間嶋研究室の飲み会が結構好きだった。

その飲み会の場では、間嶋先生からさまざまな人生指導を受けた。その「講義」の中で特に印象深くよく覚えているのは、間嶋先生の博士哲学である。

第5章

アンモナイトをめぐる冒険

「博士号ってな、Ph.D.とも言うだろ。Ph.D.ってラテン語のPhilosophiae Doctorの略なんだよ。つまり、哲学博士な。君たちも研究に対して、化石に対して、哲学をもちなさい。博士号を得るとは哲学をもつということだ」

大学院生だった僕は間嶋先生が言っていることがどういうことかあまりよくわからなかった気がする。それよりも、研究で職を得る上で直接的にためになることとかを教えてくれよと思っていた。

あれから10年近く経った現在、間嶋先生が言っていたことが生意気ながら少しわかった気がする。僕も、さまざまな研究テーマを遂行し、いくつかの論文を投稿し、博士論文を書いた中で、研究とは何か、化石とは何か、なんとなく自分なりの考えをもつようになった。間嶋先生はじめ、諸先輩方・先生方からすれば、まだまだ尻の青い若造であろうが、何事も本音で語らなければ本当に意味のあるコミュニケーションは生まれないと日頃から思っているので、この章では、今現在僕なりに古生物学の研究に対して考えていることを、語っていこうと思う。

古生物学の研究をするということ

取材や講演会の質疑応答で「なぜ、化石を研究するのですか?」と質問されることは時々あるが、これは結構難しい質問だ。この本で語ったように、学生時代も、博物館に勤めるようになってからも、古生物学を研究する意味を何度も自問してきた。前の章で語ったとおり、研究と展示を追求した先で僕はひとつの結論にたどり着いた。僕が古生物を研究する理由のひとつを端的に言うなら、「誰かをほんの少しでも幸せにするため」である。しかし、それだけでは表しきれていないものがある気がする。誰かを幸せにすること以外に、僕は何を求めて、化石(特にアンモナイト)を研究しているのだろうか?

[過去には未来のヒントがある]

「温故知新」は、「論語」に由来する有名な故事成語であり、「過去の事実を研究し、そこから新しい知識や見解をひらくこと(引用元:デジタル大辞泉)」という意味である。古生物学の研究の意義のひとつは、まさにこの言葉で表すことができるのではないかと思う。

僕が研究しているアンモナイトが生きていた中生代白亜紀という時代は、地球史上もっ

第5章
アンモナイトをめぐる冒険

とも温暖化が進行していた時代と言われている。そして、現在も温暖化が急速に進行していることは周知の事実であろう。温暖化が進行していった結果、私たち人間を含めた生物たちはどのような影響を受け、最終的にどうなってしまうのか。それはまさに、白亜紀に生きた生物たちの繁栄と衰退の歴史を学ぶことから予想することができるかもしれない。

アンモナイトは環境の変化に柔軟に対応し、進化を続け、長い地質時代を生き抜いてきた古生物である。このバックグラウンドにある重要な生態のひとつが、小卵多産型の繁殖戦略である。アンモナイトは小さな卵を大量に産み、その中の一握りが成体になり子孫を残すという繁殖戦略を有し、寿命が短く、世代交代が比較的早かったということは、ほとんど疑われていない。このような繁殖戦略はr戦略と呼ばれる。

そのような繁殖戦略から、白亜紀の海中には大量の小さなアンモナイトが漂っていたことが想像され、アンモナイトは魚や他の大型脊椎動物などの高次栄養段階の生き物たちにとっての重要な栄養源になっていたことが推測される。

アンモナイト自身の進化、繁栄と衰退の歴史を知ること自体に大きな意味があるのはもちろんだが、加えて、白亜紀の温暖化が海洋生物にどのような影響を与え、生態系全体がどのように変化していったのかを解明するためには、生態系の中で重要な位置にあったと思われるアンモナイトの繁栄と衰退を理解することが不可欠なのである。

［私たちはどこからやってきたのか］

私たちは、ある日突然、ぽんとこの地球上に現れたわけではない。現在までに、さまざまな生き物が現れては消えてを繰り返し、私たちにつながっている。視野を広げれば、私たちの直接的な祖先ではない古生物でも、同じ空間に生きており、同じ生態系の構成員であった以上、私たちとまったくの無関係とは言えないはずだ。すべての古生物について知ることは、「なぜ、私たちは今この場所にいるのか」という問いへの答えになりうる。

僕は、『せいめいのれきし』という絵本が大好きだ。この絵本では、地球の誕生から、三葉虫が繁栄した古生代、恐竜が闊歩した中生代、さまざまな哺乳類が発展した新生代、そして私たちが生きる現代まで、世界が変化していく様子がお芝居のように展開される。それぞれの時代を示す温かみのある風景絵が愛情にあふれた文章で解説されてゆく、そのつくりは極めて丁寧であり、過去から現在までの長い時間スケールの中で私たちが存在しているということに気付かされる。この絵本は、古生物を含めた地球の歴史を知ることの尊さをもっとも丁寧に、わかりやすく伝えている書籍であると思う。

なお、絵本が1962年にアメリカで最初に出版されてから、現在までに古生物学の研究は進展している。例えば、恐竜は白亜紀末に絶滅したというのが出版当時の通説であったが、その後、鳥は恐竜の一群から進化したことが確実になり、現在では、「鳥類に進化したなかまをのぞいて恐竜は絶滅した」という表現が正しいとされる。このような研究の進展を反映したUpdated Editionが2009年にアメリカで出版され、日本でも真鍋真（まなべまこと）先生監修のもと2015年に『せいめいのれきし　改訂版』が出版された。真鍋先生による解説書『深読み！　絵本「せいめいのれきし」』には、絵本に描かれた生命史・地球史に関する研究の進展が解説されている。ぜひ絵本と合わせて、手にとっていただきたい。

過去の世界について正しく理解し、なぜ私たちがいるのかを考えることは、遠い過去から長い時間をかけて成立した、私たちを取り巻く現在の自然環境を理解し、敬意と愛情をもって接することにつながるのではないだろうか。それは、生きていく上で必須ではないかもしれないが、その環境の一部である自分自身のことをも大切に思い、未来に希望をもって生きていくことにもつながるのではないかと思う。

だって、アンモナイトが好きなんだもの

研究をする理由をいろいろと語ってきたが、結局これかもしれない。身も蓋もないことを言って申し訳ないが、理屈抜きでアンモナイトが好きなのである。好きなあの人がどん

な食べ物を好きなのか、どんなことで笑うのかを知りたいように、アンモナイトはどのように生き、形を変え、そしてすがたを消したのかを知りたいのである。

【化石という存在】

第1章で述べたように、僕は大学で数学を専攻していた。大学で学ぶ数学は、僕にはとても難しかった。小学校から高校くらいまでの算数・数学は、概念を立体物や図形、グラフなどである程度表すことができるものが多かった印象がある。そのため、何が行なわれているのかが視覚的にわかり、概念をイメージしやすかった。もしくは、解法にパターンがあるので、本質を理解していなくても問題を解くことができた。しかし、大学で学ぶ数学はもっと高度で複雑であり、概念をそのように表すことが難しいものが多かった（ように思う）。目の前には何もなく、すべて頭の中で理解しなければいけないということはとても難しいことだった。

無論、向き不向きや好き嫌いではなく、僕が学問に対して不真面目な大学生であったことにも確実に原因がある。「わかんねー」と投げ出さずに、もう少し辛抱強く向き合っていれば、もしかしたら何か違ったかもしれない。

数学は、きちんと順序を追って丁寧に習得していくと、頭の中で概念をイメージすることができるらしく、同級生には3次以上の多次元をイメージすることができる人が何人もいた。逆に、自分の頭と紙とペンさえあればできてしまうのが数学の魅力でもあり、数学の世界には美しさがあると、知り合いの数学者は言っていた。

数学科の落ちこぼれ大学生だった頃に、初めて化石を見て、触った時の感動は忘れられない。目の前に「化石」という物体があり、それをいろいろな角度から眺めたり、さらには手で触ることができるなんて！　しかも、大昔に生物が生きた証、体そのもの。数学につまずいていた僕は、その部分にこの上ない幸せを感じた。

そもそも化石とは奇跡的な存在である。普通、生き物が死んだら腐る。そして、腐る過程で、他の生き物の栄養となる。これが命の循環であるが、化石は、このサイクルから外れてしまったものである。たまたま運よく分解を免れて、地層の中に埋もれ、現在まで長い時間残り続けたものである。そんな奇跡の産物を間近に見て、しかも触れるなんて、決して当たり前のことではないはずだ。

【アンモナイトの魅力】

僕は、数ある化石の中からなぜアンモナイトを研究対象として選んだのだろうか？　あんまり記憶にないが、こどもの頃のアルバムを開くと、恐竜に混じってアンモナイトの絵があるので、どうやら存在は認識していたようだが、こどもの頃から特別アンモナイトが好きなアンモナイト少年だったというわけではない。

化石にはいろいろな種類がある。大きさもさまざまだ。恐竜のように巨大な生物の化石もあれば、顕微鏡下でしか確認できないような小さな生き物の化石（微化石）もある。数学をやっていた僕は、とにかく目の前で存在を実感したいと思っていたので、化石が研究できる大学院を探していた時点で、微化石は自然と候補からはずしていた。アンモナイトは数cmから数十cmのものが多く、最大でも2mほどだ。まさに横浜国立大学を訪問した際に先生からもらったアンモナイトが、ちょうど手で握れる大きさで、掌に収まるそのサイズ感がちょうど良かったのかもしれない。それから、アンモナイトの殻の形は極めて多様であり、ノジュールを割るとさまざまな形のアンモナイトが次々に顔を出す。種類は多ければ多いほど集めるのも眺めるのも楽しい。

研究面で良いところで言えば、化石の産出数が多いということも魅力かもしれない。最初に研究室を訪問した際に、和仁先生もそんなことを言っていた。アンモナイトはおそらくおびただしい数の個体が海中に生息していて、しかも硬い殻をもっているので化石として残りやすい。地質調査で試料を大量に集めることが可能で、しかも自分で手に入れた化石は自由に使って良い。必要があれば研磨をして内部構造を調べたり、統計処理などを用いて個体数で勝負することも可能であり、知るためにできることの自由度が高い。

アンモナイトと比較して、恐竜などの大型の脊椎動物化石のことを考えてみると、たしかに場合によってはなかなか自由に研究することは難しいかもしれない。大型の脊椎動物化石の研究ができるかどうかは、良い標本と巡り合うことができるかという要素が大きい印象がある。そもそも、産出数がアンモナイトとは桁違いで少ない。自力で発見すること自体が難しいし、博物館に所蔵されている化石がある場合はあるが、その化石はもしかしたら他の研究者も研究していて、標本をめぐる競争があったり、自分ひとりで独占してじっくり研究できる標本ではないかもしれない。ましてや、博物館標本を切断して内部構造を調べるとかになると、べらぼうにハードルが高いだろう。また、体全体の骨格が見つかることも稀で、わずかな骨のパーツから情報を拾い上げるのには、鍛錬が重ねられた観察眼と執念が必要であろう。

他には、(アンモナイトに限った話ではないが、)絶滅してしまっていて現在はもう生き残っていない、というのもアンモナイトの魅力のひとつかもしれない。アンモナイトの体の化石の発見は、ほんの数例である。腕が何本だったのかさえ、直接的にはまだ確認されていない。オウムガイやイカなども参考になる部分はあるが、どちらも直系の子孫というものではないので、すべてを参考にできるわけではない。アンモナイトは、とにかく謎に満ちあふれた古生物なのである。

　現在まで生き残っている系統の生き物の化石の場合は、現生種からわかることは多くあるだろう。アンモナイトよりそういう古生物の方が、生前の生々しいすがたに迫れる可能性は高いと思われるので、そういう意味で羨ましいと思うこともある。しかし、一方で絶滅してしまった謎の古生物には理屈では語れない魅力があり、どこか挑戦心を煽(あお)られるところがある。

　僕の研究者としての夢の果ては、アンモナイトの軟体部の化石を見つけることだ。夢みがち……というか寝ている時に見る方の夢の話なのだが、これまでに数回、アンモナイトの軟体部を見つける夢を見たことがある。いずれも、岩石の中にそれらしい形の黒っぽい塊として軟体部の輪郭が残っているものだった。ある時、酒の席で酔っ払った勢いで研究者なかまにその夢のことを話してみたことがある。こういう夢のことを話すとバカにされると思っていたが、「へぇ、どんなだった？」と皆意外と興味津々に聞いてくれた。

どうやら、科学者も夢を見て良いらしい。どんな化学条件が揃うとアンモナイトの軟体部が腐らずに化石になるのか？　そして、アンモナイトの軟体部は本当に復元画として描かれているようなすがただったのか？　予想を裏切るような形のものが見つかった時にちゃんと認識できるように、できるだけ自由に想像を膨らませながら、夢と現実の間、白亜紀と現代の間を今日も行ったり来たりしている。

エピローグ　冒険の旅は続く

古生物学の研究は日進月歩である。研究の進展により、想像される古生物のすがたはどんどん更新されていく。研究成果と共に新しい想像復元画が発表されると「なんでそんなにコロコロとすがたが変わってしまうのか？　元々適当なのではないか？　学問としてどうなのか？」という辛らつな感想を聞くこともしばしばだ。

古生物学は極めて断片的な証拠をもとに、過去の世界を記述する学問である。最初から完全なものなんてなかなか見つからないし、不完全なものでも、それは生命の歴史を語る重要な証拠であり、描き記して蓄積していくことに意味がある。

これは決して、古生物学に限った話ではない。学問に「絶対」は存在せず、論文が出て新しい説が提唱された時点でそれが確定するというものではない。長い時間をかけて、たくさんの研究者たちが「あーでもない」「こーでもない」と議論を繰り返し、「真理」に近づいていく。数十年前に広く受け入れられていた定説が、その後の研究で覆され、現在は別の考えが定説となっているということは、古生物学以外の学問においてもまったく珍しいことではない。

私たちは、過去の生物について、すべてのことを理解しているとは到底言えない。わからないことが多すぎる。むしろ理解しようとすればするほどにわからないことが増えてくるくらいである。しかし、わからないことが多い・新発見の可能性にあふれているというのは、古生物学研究のひとつのやりがいかもしれない。

古生物の世界全体をジグソーパズルに例えるなら、完成図の大きさや形、それぞれのピースの形や数すらわからないようなもので、古生物学の研究は化石というピースをひたすら見つけては、少しでもピースの形がつながりそうなところから順番にはめていくような感じだろうか。

テレビゲームでも例えてみたい。

テレビゲームは、やるべきことが多ければ多いほど、長く楽しめる。『ポケットモンスター』なら、ポケモンの種類が多ければ多いほど、世界を探索してポケモンを収集するのは楽しくなるし、対戦は奥が深く、育成もやりがいがあり、じっくり時間をかけて遊べる。

古生物学の研究はまさに、「オープンワールド」の世界の中に、自分がいて、その世界を探索し、パズルのピースである化石を集めているようなものである。その収集の旅の中で、さまざまな人に出会い、いろいろなことを教えてくれたり、協力してくれたりする。そしてさらに、その世界には広大な空間だけでなく、過去から現在までの気が遠くなるほどに長い時間スケールが存在するのである。コンプリート要素は無限と言えるほどあり、図鑑の完成、つまり「全クリ」まであとどのくらいあるのかすらわからないが、おそらく先はだいぶ長いであろうことはなんとなく想像できるというような状況である。そして、このオープンワールドには全クリまでの一本道は用意されていない。

全クリまでの自由度が高すぎて、そしてあまりにもゴールが遠すぎると、それを目指すこと自体がしんどくならないのか、と思うかもしれないが、心配無用だ。なぜなら、このゲームのクリアは、自分ひとりだけで達成する必要がないからである。過去から未来までのすべての研究者がプレイヤーであり、自分が進めた分は、「標本」と「論文」として残していけばいい。僕の次に開始するプレイヤーは、僕のレポートを読みこんで、そこからスタートすれば良いのである。自分が見つけた化石・明らかにしたことは、ピースとしてジグソーパズルにはまり、未来の「ゲームプレイヤー」にとってスタート地点のひとつになるのだから、全クリまでが果てしない道のりでも、自分がやっていることはたしかに意味があるという自負があり、嫌にならずに続けることができるのだ。
今日もまた、完成形のわからないジグソーパズルのピースを求めて、また、どこまで集めればコンプリートなのかすらわからない図鑑を完成させるために、この広大なオープンワールドで、古生物学研究という名の冒険を続けるのである。

このゲームには裏技なんて存在しない。
歩幅は小さくても、一歩ずつ着実に。

旅は今日も続く。続くったら、続く。

おわりに

エゾセラス・エレガンスの論文が出版された2021年の初頭、編集者の黒田千穂さんから本書執筆のお話をいただいた。オンラインで行なった最初の打ち合わせ時に、これまでの研究や博物館での仕事の経歴や研究以外ではポケモンが大好きであることなどを話すと、黒田さんは「相場さんがこれまでやってきたことは、まるで冒険のようですね」と言い、本書のテーマは「冒険」になった。

しかし、執筆を始めてから少しして、僕がやってきたことは果たして、「冒険」というほどのものなのだろうかと弱気になってきてしまった。フィールドワークを大切にしているつもりではあるものの、海外で化石調査をやった経験はほとんどないし、特に仕事を始めてから現在までの数年は、博物館の業務に追われ、長期間野外に出ることも難しくなった。

一般に冒険というと、チャンピオンを目指して、あるいは大秘宝を求め、またあるいは捌われたお姫様を助けるため、野を越え、山を越え、海を渡り、未開の地を踏査し……というようなイメージが想像されるだろう。そういった冒険譚を期待していた読者には、もしかしたら期待を裏切ってしまったかもしれず、申し訳ない。

しかし、本書を書き終えた今、冒険とは決して物理的なものだけを指すのではなく、また、僕の研究・博物館での奮闘は、確かに「冒険」そのものなのだと思う。1億年前の謎を前に、手探りで工夫をし、新たな技術を習得して、それらを少しずつ解き明かし、歩みを進めてきた。肉体は小さな博物館の中にあっても、精神は白亜紀の海中を探索している。また、巡回展「ポケモン化石博物館」では、ひとつの目的のもとに集まったなかまたちに支えられ、目の前に立ち塞がる大きな壁を何度も越えてきた。これらを冒険と言わずになんと言おうか。

これまでを振り返ってみて、僕は人との縁に恵まれ、多くの方々の優しさに支えられてきたこと、決して自分ひとりだけで冒険をしてきたわけではなかったことに気がついた。本当に多くの方々のおかげで、今日に至るまで研究者として歩みを進めることができた。特に、突然古生物学者を目指すと言い出した僕を無条件で応援してくれた父と母、姉、大学院で指導してくださり修了してからも何かと気にかけてくださる和仁良二先生、弱気になった時にいつも励ましてくれる妻と、その横で癒やしをくれた愛うさぎ・関根（本書をちょうど書き終えた頃に老衰でこの世を去ってしまった）にはこの機会に最大限の感謝を伝えたい。また、間嶋隆一先生、ロバート・ジェンキンズ先生、坂田智佐子さん、真鍋真先生、栗原憲一先生、豊福高志先生、田近周さん、生野賢司くん、宇都宮正志さん、野崎篤さん、伊庭靖弘先生、重田康成先生、加納学さん、唐沢與希さん、下村圭さん、前田晴良先生、大和治生さん、岩崎哲郎くん、棚部一成先生、阿部純也さん、内田繁比郎さん、寺下明広さん、新村龍也さん、服部悦哉さん、新井賢一さん、陳佳玥さん、廣瀬千尋さん、池本誠也さん、濱村伸治さん、久保匡さん、小川達也さん、田邊玲奈さん、中島徹さん、濱田浄人さん、野村篤志さん、新井紀伊子さん、松舘美奈さん、一田昌宏さん、髙桒祐司さん、ありがひとしさん、G．Ｍａｓｕｋａｗａさん、他にもたくさんの方々に大変お世話になった。すべての方々に心から感謝を述べたい。

また、本書を世に出すにあたり、担当編集者の黒田千穂さんには大変お世話になった。僕のこだわりが強すぎる性分により、一時は筆がなかなか進まず、大変ご迷惑をかけたが、そんな僕にも愛想を尽かすことなく気長に原稿を待ってくださり、また要所で的確なアドバイスをくださった。また、ツク之助さんは、これ以上ない素敵な表紙と扉絵を描いてくださった。ツク之助さんのイラストから逆にインスピレーションを得て、執筆を進めることができた場面もあった。

実は、この春で約8年間勤めた三笠市立博物館を去る。別の研究機関に拠点を移し、アンモナイトのより生々しいすがたに迫る新しい冒険の幕開けだ。これからの冒険では、僕がこれまで出会った皆様にそうしていただいたように、僕自身も後進の誰かが歩みを進める助けになる存在になりたい。

古生物学という、時間も空間も超えた、血湧き肉躍る大冒険を楽しむ人がひとりでも増えることを祈り、本書がそのきっかけのひとつになることを祈って、本書を締め括りたいと思う。

相場大佑

AIBA DAISUKE

1989年東京都生まれ。2017年横浜国立大学大学院博士課程修了、博士(学術)。2015年三笠市立博物館 研究員、2017年より同館主任研究員。専門は古生物学(特に、化石頭足類アンモナイトの分類・進化・古生態)。北海道の白亜紀層から特徴的に見つかる"異常巻きアンモナイト"の進化史の解明をテーマに、これまでに2新種を記載したほか、アンモナイトの生物としての姿に迫るべく、殻形態の性差や生活史などについても研究を進めている。また、巡回展『ポケモン化石博物館』を企画し、総合監修を務める。近著に、『新種発見! 見つけて、調べて、名付ける方法』(共著:山と溪谷社、2022年12月)、『自然科学ハンドブック 化石図鑑』(監訳(分担):創元社、2023年2月予定)。

僕(ぼく)とアンモナイトの1億(おく)年(ねん)冒(ぼう)険(けん)記(き)

2023年1月25日　初版第1刷発行

著者　相場大佑(あいばだいすけ)
装画・本文イラスト　ツク之助
発行人　永田和泉
発行所　株式会社イースト・プレス
〒101-0051 東京都千代田区神田神保町2-4-7久月神田ビル
Tel.03-5213-4700　Fax.03-5213-4701
https://www.eastpress.co.jp
装丁　アルビレオ
校正　荒井藍
印刷所　中央精版印刷株式会社

ISBN 978-4-7816-2155-5